Imagine Infinite!

창의영재수학

아이앤아이

초급
초등 3~5학년

E 자료와 가능성
콜롬비아편

KB013438

창의영재수학

아이앤아이

01 수학 여행 테마로 수학 사고력 활동을 자연스럽게 이어갈 수 있도록 하였습니다.

02 키즈 – 입문 – 초급 – 중급 – 고급으로 이어지는 단계별 창의 영재 수학 학습 시리즈입니다.

03 각 챕터마다 기초 – 심화 – 응용의 문제 배치로 쉬운 것부터 차근차근 문제해결력을 향상시킵니다.

04 각종 수학 사고력, 창의력 문제, 지능검사 문제, 대회 기출 문제 등을 체계적으로 정밀하게 다듬어 정리하였습니다.

05 과학, 음악, 미술, 영화, 스포츠 등에 관련된 융합형(STEAM) 수학 문제를 흥미롭게 다루었습니다.

06 단계적 학습으로 창의적 문제해결력을 향상시켜 영재교육원에 도전해 보세요.

창의영재가 되어볼까?

교재 구성

	A	B	C	D	E	F	G
키즈 (6세 7세 초1)	**A (수)** 수와 숫자 수 비교하기 수 규칙 수 퍼즐	**B (연산)** 가르기와 모으기 덧셈과 뺄셈 식 만들기 연산 퍼즐	**C (도형)** 평면도형 입체도형 위치와 방향 도형 퍼즐	**D (측정)** 길이와 무게 비교 넓이와 들이 비교 시계와 시간 부분과 전체	**E (규칙)** 패턴 이중 패턴 관계 규칙 여러 가지 규칙	**F (문제해결력)** 모든 경우 구하기 분류하기 표와 그래프 추론하기	**G (워크북)** 수 연산 도형 측정 규칙 문제해결력
입문 (초1~3)	**A (수와 연산)** 수와 숫자 조건에 맞는 수 수의 크기 비교 합과 차 식 만들기 벌레 먹은 셈	**B (도형)** 평면도형 입체도형 모양 찾기 도형 나누기와 움직이기 쌓기나무	**C (측정)** 길이 비교 길이 재기 넓이와 들이 비교 무게 비교 시계와 달력	**D (규칙)** 수 규칙 여러 가지 패턴 수 배열표 암호 새로운 연산 기호	**E (자료와 가능성)** 경우의 수 리그와 토너먼트 분류하기 그림 그려 해결하기 표와 그래프	**F (문제해결력)** 문제 만들기 주고 받기 어떤 수 구하기 재치있게 풀기 추론하기 미로와 퍼즐	**G (워크북)** 수와 연산 도형 측정 규칙 자료와 가능성 문제해결력
초급 (초3~5)	**A (수와 연산)** 수 만들기 수와 숫자의 개수 연속하는 자연수 가장 크게, 가장 작게 도형이 나타내는 수 마방진	**B (도형)** 색종이 접어 자르기 도형 붙이기 도형의 개수 쌓기나무 주사위	**C (측정)** 길이와 무게 재기 시간과 들이 재기 덮기와 넓이 도형의 둘레 원	**D (규칙)** 수 패턴 도형 패턴 수 배열표 새로운 연산 기호 규칙 찾아 해결하기	**E (자료와 가능성)** 가짓수 구하기 리그와 토너먼트 금액 만들기 가장 빠른 길 찾기 표와 그래프(평균)	**F (문제해결력)** 한붓 그리기 논리 추리 성냥개비 다른 방법으로 풀기 간격 문제 배수의 활용	
중급 (초4~6)	**A (수와 연산)** 복면산 수와 숫자의 개수 연속하는 자연수 수와 식 만들기 크기가 같은 분수 여러 가지 마방진	**B (도형)** 도형 나누기 도형 붙이기 도형의 개수 기하판 정육면체	**C (측정)** 수직과 평행 다각형의 각도 접기와 각 붙여 만든 도형 단위 넓이의 활용	**D (규칙)** 규칙성 찾기 도형과 연산의 규칙 규칙 찾아 개수 세기 교점과 영역 개수 수 배열의 규칙	**E (자료와 가능성)** 경우의 수 비둘기집 원리 최단 거리 만들 수 있는, 없는 수 평균	**F (문제해결력)** 논리 추리 님 게임 강 건너기 창의적으로 생각하기 효율적으로 생각하기 나머지 문제	
고급 (초6~중등)	**A (수와 연산)** 연속하는 자연수 배수 판정법 여러 가지 진법 계산식에 써넣기 조건에 맞는 수 끝수와 숫자의 개수	**B (도형)** 입체도형의 성질 쌓기나무 도형 나누기 평면도형의 활용 입체도형의 부피, 겉넓이	**C (측정)** 시계와 각도 평면도형의 활용 도형의 넓이 거리, 속력, 시간 도형의 회전 그래프 이용하기	**D (규칙)** 암호 해독하기 여러 가지 규칙 여러 가지 수열 연산 기호 규칙 도형에서의 규칙	**E (자료와 가능성)** 경우의 수 비둘기집 원리 입체도형에서의 경로 영역 구분하기 확률	**F (문제해결력)** 홀수와 짝수 조건 분석하기 다른 질량 찾기 뉴튼산 작업 능률	

책의 구성과 활용

단원들어가기

친구들의 수학여행(Math Travel)과 함께 단원이 시작됩니다. 여행지에서 수학문제를 발견하고 창의적으로 해결해 나갑니다.

아이앤아이 수학여행 친구들

전 세계 곳곳의 수학 관련 문제들을 풀며 함께 세계여행을 떠날 친구들을 소개할게요!

무우

팀의 맏리더. 행동파 리더.
에너지 넘치는 자신감과 무한 긍정으로 팀원에게 격려와 응원을 아끼지 않는 팀의 맏형. 솔선수범하는 믿음직한 해결사예요.

상상

팀의 챙김이 언니, 아이디어 뱅크.
감수성이 풍부하고 공감력이 뛰어나 동생들의 고민을 경청하고 챙겨주는 맏언니예요.

알알

진지하고 생각많은 똘똘이 알알이.
겁 없고 부끄럼 많고 소심하지만 관찰력이 뛰어나고 생각 깊은 아이에요. 야무진 성격을 보여주는 알밤머리와 주근깨 가득한 통통한 볼이 특징이에요.

제이

궁금한게 많은 막내 엉뚱이 제이.
엉뚱한 질문이나 행동으로 상대방에게 웃음을 주어요. 주위의 것을 놓치고 싶지 않은 장난기가 가득한 애력덩어리입니다.

단원살펴보기

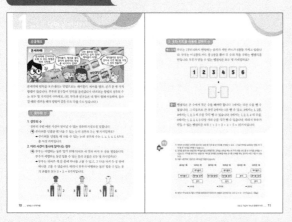

단원의 주제되는 내용을 정리하고 '궁금해요' 문제를 풀어봅니다.

대표문제

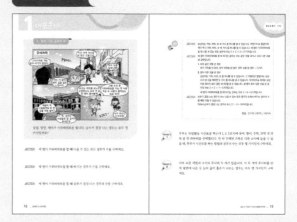

대표되는 문제를 단계적으로 해결하고 '확인하기' 문제를 풀어봅니다.

연습문제

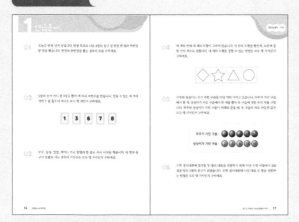

단원살펴보기 및 대표문제에서 익힌 내용을 알차게 구성된 사고력 문제를 통해 점검하며 주제에 대한 탄탄한 기본기를 다집니다.

심화문제

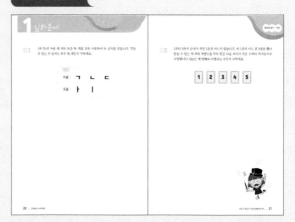

단원에 관련된 문제의 이해와 응용력을 바탕으로 창의적 문제 해결력을 기릅니다.

창의적문제해결수학

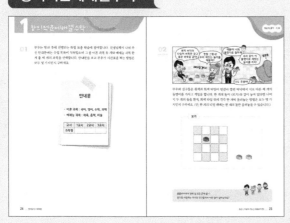

창의력 응용문제, 융합문제를 풀며 해당 단원 문제에 자신감을 가집니다.

정답 및 풀이

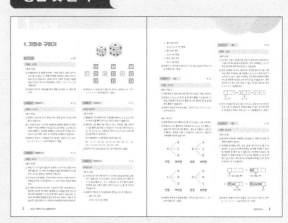

상세한 풀이과정과 함께 수학적 사고력을 완성합니다.

차례
CONTENTS

비밀번호?

아래 자물쇠는 세 자리 비밀번호로 이루어져 있습니다. 각 자리의 버튼마다 1부터 5까지 연속하는 다섯 개의 숫자가 적혀 있으며 버튼을 돌려 비밀번호를 맞출 수 있습니다. 무우는 비밀번호를 잊어버려 자물쇠를 열지 못하고 있습니다. 무우는 만들 수 있는 모든 비밀번호를 한 번씩 시도해 자물쇠를 열려고 합니다. 무우가 자물쇠를 열기 위해 시도해야 하는 비밀번호는 총 몇 가지일까요?

〈자물쇠〉

1. 가짓수 구하기

콜롬비아
Colombia

콜롬비아 첫째 날 DAY 1

무우와 친구들은 콜롬비아에 가는 첫째 날, <보고타>에
도착했어요. 자, 그럼 <보고타> 에서는 무슨 재미난
일이 기다리고 있을지 떠나 볼까요?
즐거운 수학여행 출발~!

궁금해요

몬세라떼

몬세라떼 언덕이다! 오를 수 있는 방법은 여러 가지래.

케이블카, 케이블 열차, 걸어서 올라가는 방법 총 세가지가 있어!

까마득 -

나는 올라갈 때는 걸어가고 싶지 않아! 케이블카 타쟝!

재밌겠당!!

케이블카도 좋지만 걸어서 가면 예산을 아낄 수 있지 않을까?

몬세라떼 언덕을 오르내리는 방법으로는 케이블카, 케이블 열차, 걷기 총 세 가지 방법이 있습니다. 무우와 친구들이 언덕을 올라갔다가 내려오는 방법의 경우의 수는 모두 몇 가지인지 구하세요. (단, 무우와 친구들은 네 명이 함께 이동하며, 올라갈 때와 내려올 때의 방법이 같을 수도 다를 수도 있습니다.)

1. 경우의 수

1. 경우의 수

경우의 수란 어떤 사건이 일어날 수 있는 경우의 가짓수를 말합니다.

예 주사위를 던졌을 때 나올 수 있는 눈의 경우의 수는 몇 가지일까요?

➡ 주사위를 던졌을 때 나올 수 있는 눈의 경우의 수는 1, 2, 3, 4, 5, 6으로 총 여섯 가지입니다.

2. 여러 사건이 동시에 일어나는 경우

예 무우는 여행하는 동안 입기 위해 티셔츠 세 장과 바지 두 장을 챙겼습니다. 무우가 여행하는 동안 입을 수 있는 옷의 조합은 모두 몇 가지일까요?

➡ 무우는 티셔츠 세 장 중에 하나를 고를 수 있고, 그 다음 바지 두 장 중에 하나를 고를 수 있습니다. 따라서 무우가 여행하는 동안 입을 수 있는 옷의 조합은 모두 3 × 2 = 6가지입니다.

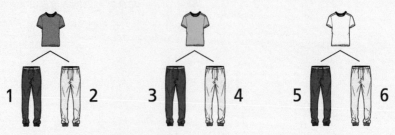

1   2   3   4   5   6

예시 문제 무우는 1부터 6까지 연속하는 숫자가 적힌 카드가 6장을 가지고 있습니다. 무우는 이 6장의 카드 중 2장을 뽑아 두 수의 차를 구하는 뺄셈식을 만듭니다. 무우가 만들 수 있는 뺄셈식은 모두 몇 가지일까요?

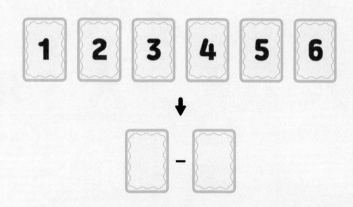

풀이 뺄셈식은 큰 수에서 작은 수를 빼야만 합니다. 1에서는 다른 수를 뺄 수 없습니다. 그 다음으로 큰 수인 2에서는 1을 뺄 수 있고, 3에서는 1, 2를, 4에서는 1, 2, 3 세 수를 각각 뺄 수 있습니다. 5에서는 1, 2, 3, 4 네 수를, 6에서는 1, 2, 3, 4, 5 다섯 개의 수를 각각 뺄 수 있습니다. 따라서 무우가 만들 수 있는 뺄셈식은 모두 1 + 2 + 3 + 4 + 5 = 15가지입니다.

정답

1. 무우와 친구들은 언덕을 올라가는 방법 세 가지 중 한 가지를 선택할 수 있고, 그 다음 언덕을 내려오는 방법 세 가지 중 한 가지를 선택할 수 있습니다.
2. 언덕을 올라가는 방법으로 케이블카를 선택했다면, 언덕을 내려올 때는 세 가지 이동 수단 중 한 가지를 선택할 수 있습니다. 언덕을 올라가는 방법으로 케이블 열차를 선선택할 때와 걷기를 선택할 때도 경우의 수를 구할 수 있습니다.
3. 이를 나뭇가지 그림으로 나타내면 다음과 같습니다.

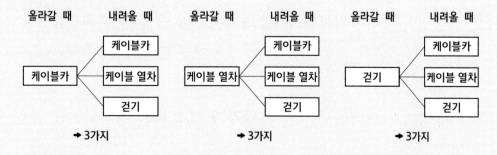

4. 따라서 무우와 친구들이 언덕을 올라갔다가 내려오는 방법의 경우의 수는 모두 3 × 3 = 9가지입니다. (정답)

1. 여러 가지 경우의 수

상상, 알알, 제이가 가위바위보를 합니다. 승부가 결정 나는 경우는 모두 몇 가지일까요?

Step 1 세 명이 가위바위보를 할 때 나올 수 있는 모든 경우의 수를 구하세요.

Step 2 세 명이 가위바위보를 할 때 비기는 경우의 수를 구하세요.

Step 3 세 명이 가위바위보를 할 때 승부가 결정 나는 경우의 수를 구하세요.

풀이

Step 1　상상이는 가위, 바위, 보 세 가지 중 하나를 낼 수 있습니다. 마찬가지로 알알이와 제이 역시 가위, 바위, 보 세 가지 중 하나를 낼 수 있습니다. 세 명이 가위바위보를 할 때 나올 수 있는 모든 경우의 수는 3 × 3 × 3 = 27가지입니다.

Step 2　세 명이 가위바위보를 할 때 비기는 경우는 모두 같은 것을 내거나, 모두 다른 것을 낸 경우입니다.

1. 모두 같은 것을 낸 경우

모두 가위를 낸 경우, 모두 바위를 낸 경우, 모두 보를 낸 경우 → 3가지

2. 모두 다른 것을 낸 경우

상상이는 가위, 바위, 보 중 하나를 낼 수 있습니다. 그 다음으로 알알이는 상상이가 낸 것을 제외한 두 가지 중 하나를 낼 수 있습니다. 마지막으로 제이는 상상이와 제이가 내지 않은 하나만을 낼 수 있습니다. 세 명이 모두 다른 것을 낸 경우의 수는 3 × 2 × 1 = 6가지입니다.

세 명이 가위바위보를 할 때 비기는 경우는 모두 3 + 6 = 9가지입니다.

Step 3　승부가 결정 나는 경우의 수는 나올 수 있는 모든 경우의 수에서 비기는 경우의 수를 빼면 구할 수 있습니다.

따라서 승부가 결정 나는 경우의 수는 27 − 9 = 18가지입니다.

정답 : 27가지 / 9가지 / 18가지

 확인하기 1

무우는 특별활동 시간표를 짜는데 1, 2, 3교시에 국어, 영어, 수학, 과학 네 과목 중 한 과목씩을 선택합니다. 한 번 선택된 과목은 다른 교시에 들을 수 없을 때, 무우가 시간표를 짜는 방법의 경우의 수는 모두 몇 가지인지 구하세요.

 확인하기 2

서로 다른 색깔과 크기의 주사위 두 개가 있습니다. 이 두 개의 주사위를 던져 윗면에 나온 두 눈의 곱이 홀수가 나오는 경우는 모두 몇 가지인지 구하세요.

2. 수 카드를 이용한 경우의 수

1부터 10까지의 수가 적힌 수 카드가 여러 장씩 있습니다. 이 중 수 카드에 적힌 두 수의 합이 15보다 크도록 두 장씩 묶으면 서로 다른 묶음은 모두 몇 개일까요?

🔑 **Step 1**　여러 장의 수 카드 중 두 장의 카드에 적힌 두 수의 합이 15보다 클 때의 값을 모두 구하세요.

🔑 **Step 2**　수 카드에 적힌 두 수의 합이 15보다 크도록 두 장씩 묶었을 때 서로 다른 묶음은 모두 몇 개인지 구하세요.

Step 1 여러 장의 수 카드 중 두 장의 카드에 적힌 두 수의 합이 가장 큰 경우는 10이 적힌 카드 두 장을 뽑은 10 + 10 = 20입니다. 두 수의 합이 15보다 클 때의 값은 16부터 최대 20까지 16, 17, 18, 19, 20으로 총 다섯 가지가 가능합니다.

Step 2 위에서 구한 다섯 가지 값에 따라 경우를 나누어 구합니다.

1. 합이 16인 경우

(6, 10), (7, 9), (8, 8) → 3묶음

2. 합이 17인 경우

(7, 10), (8, 9) → 2묶음

3. 합이 18인 경우

(8, 10), (9, 9) → 2묶음

4. 합이 19인 경우

(9, 10) → 1묶음

5. 합이 20인 경우

(10, 10) → 1묶음

따라서 두 수의 합이 15보다 큰 서로 다른 묶음의 개수는 모두 9개입니다.

정답 : 16, 17, 18, 19, 20 / 9개

1부터 15까지 연속하는 수가 적힌 15장의 수 카드가 있습니다. 이 15장의 수 카드 중 두 장을 뽑아 뺄셈식을 만들 때, 차가 5인 경우는 모두 몇 가지일까요?

1부터 5까지 연속하는 숫자가 적힌 숫자 카드가 여러 장씩 있습니다. 이 중 합이 6보다 크도록 두 장씩 묶으면 서로 다른 묶음은 모두 몇 개일까요?

01 오늘은 반장 선거 날입니다. 반장 후보로 나온 4명의 친구 중 반장 한 명과 부반장 한 명을 뽑습니다. 반장과 부반장을 뽑는 경우의 수를 구하세요.

02 5장의 숫자 카드 중 3장을 뽑아 세 자리 자연수를 만듭니다. 만들 수 있는 세 자리 자연수 중 홀수의 개수는 모두 몇 개인지 구하세요.

03 무우, 상상, 알알, 제이는 가로 방향의 한 줄로 서서 사진을 찍습니다. 네 명의 친구가 일렬로 서는 경우의 가짓수는 모두 몇 가지인지 구하세요.

04 네 개의 칸에 네 개의 도형이 그려져 있습니다. 각 칸의 도형을 빨간색, 노란색 중 한 가지 색으로 칠합니다. 네 개의 도형을 칠할 수 있는 방법은 모두 몇 가지인지 구하세요.

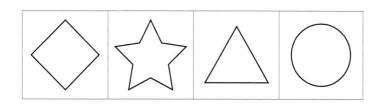

05 무우와 상상이는 수가 적힌 구슬을 다섯 개씩 가지고 있습니다. 무우가 가진 구슬에서 한 개, 상상이가 가진 구슬에서 한 개를 뽑아 두 구슬에 적힌 수의 차를 구합니다. 무우와 상상이가 가진 구슬이 아래와 같을 때, 두 구슬의 차로 가능한 값은 모두 몇 가지인지 구하세요.

무우가 가진 구슬 : 3 5 7 10 12

상상이가 가진 구슬 : 2 4 8 14 16

06 수학 경시대회에 참가할 두 명의 대표를 선발하기 위해 지난 수학 시험에서 100점을 맞은 5명의 친구가 모였습니다. 수학 경시대회에 나갈 대표 두 명을 선발하는 방법은 모두 몇 가지인지 구하세요.

07 방학 동안에 할머니 댁에서 지내기로 한 상상이는 티셔츠 네 장, 바지 두 장, 원피스 한 장, 재킷 두 장을 챙겼습니다. 티, 바지, 재킷 각 한 장씩을 입거나 원피스와 재킷 각 한 장씩을 입을 때, 상상이가 입을 수 있는 옷의 조합은 모두 몇 가지인지 구하세요.

08 세 개의 전구가 있습니다. 각 전구는 빨간색과 노란색 두 가지 불빛을 낼 수 있으며 불을 끌 수도 있습니다. 세 개의 전구를 조절해 여러 가지 신호를 만들 때, 만들 수 있는 신호는 모두 몇 가지인지 구하세요. (단, 회전하는 경우는 생각하지 않으며, 불이 모두 꺼진 경우는 신호로 보지 않습니다.)

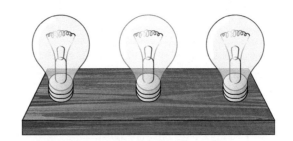

09 8장의 수 카드 중 2장을 뽑아 뺄셈식을 만듭니다. 차가 짝수인 경우는 모두 몇 가지인지 구하세요.

10 세 개의 영역 A, B, C로 나누어진 도형이 있습니다. 각 영역에 빨간색, 노란색, 파란색 중 한 개를 색칠해 각 영역을 구별합니다. 도형을 색칠할 수 있는 방법은 모두 몇 가지인지 구하세요.

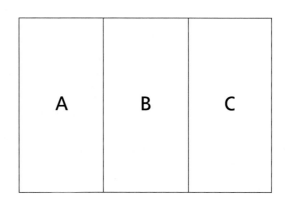

01   <보기>의 자음 세 개와 모음 두 개를 모두 사용하여 두 글자를 만듭니다. 만들
수 있는 두 글자는 모두 몇 개인지 구하세요.

> **보기**
>
> 자음 : ㄱ ㄴ ㄷ
>
> 모음 : ㅏ ㅣ

02 1부터 5까지 숫자가 적힌 5장의 카드가 있습니다. 이 5장의 카드 중 3장을 뽑아 만들 수 있는 세 자리 자연수를 모두 만든 다음 크기가 작은 수부터 크기순으로 나열합니다. 523은 몇 번째로 나열되는 수인지 구하세요.

03 한 과일 가게 주인은 과일 바구니에 두 종류의 과일을 담아 판매합니다. 현재 가게에 남은 과일은 오렌지 12개와 사과 4개이며, 한 개의 바구니에는 최소 4개부터 최대 7개의 과일을 담을 수 있습니다. 모든 바구니에 두 종류의 과일이 담기도록 세 개의 바구니를 만들 때, 세 개의 바구니에 남은 과일을 모두 나눠 담는 방법은 몇 가지인지 구하세요.

04 다섯 장의 카드 중 세 장의 카드를 뽑아 조건에 맞는 세 자리 자연수를 만듭니다. 조건에 맞는 세 자리 자연수의 개수는 모두 몇 개인지 구하세요.

> **조건**
>
> · 연속하는 수가 적힌 카드는 붙여서 사용할 수 없습니다.
>
> · 세 자리 짝수입니다.

01
무우는 방과 후에 진행되는 특별 보충 학습에 참여합니다. 선생님께서 나눠 주신 안내문에는 수업 목록이 적혀있으며 그 중 이론 과목 두 개와 예체능 과목 한 개 총 세 개의 과목을 선택합니다. 안내문을 보고 무우가 시간표를 짜는 방법은 모두 몇 가지인지 구하세요.

안내문

· 이론 과목 : 국어, 영어, 수학, 과학
· 예체능 과목 : 체육, 음악, 미술

교시	1교시	2교시	3교시
과목명			

02
창의융합문제

무우와 친구들은 흰색과 회색 타일이 번갈아 깔린 바닥에서 서로 다른 세 개의 돌멩이를 가지고 게임을 합니다. 한 개의 돌이 <보기>와 같이 놓여 있다면 나머지 두 개의 돌을 흰색, 회색 타일 위에 각각 한 개씩 올려놓는 방법은 모두 몇 가지인지 구하세요. (단, 한 개의 타일 위에는 한 개의 돌만 올려놓을 수 있습니다.)

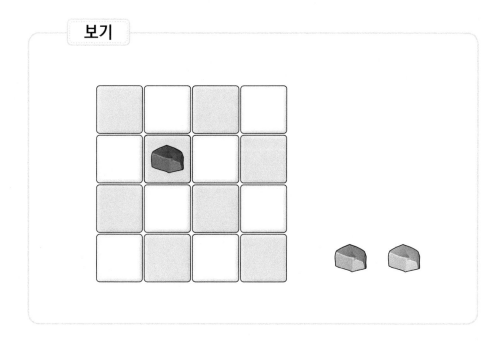

보기

콜롬비아에서 첫째 날 모든 문제 끝~!
몽기로 이동하는 무우와 친구들에게 어떤 일이 일어날까요?

월드컵의 시합 방식?

월드컵은 세계에서 가장 큰 축구 대회입니다. 월드컵의 본선 진출 이후 경기 방식에 대해 알아보도록 합니다.

월드컵 본선에 진출한 32개의 팀은 한 조에 4팀씩 총 8개의 조로 나뉘어 조별로 다른 팀과 번갈아 가며 경기하게 됩니다. 조별로 치러진 경기에서 각 조의 상위 2등 안에 속한 두 팀은 16강에 진출하게 됩니다.
이 경기 방식을 리그 방식이라고 합니다.

16강에 진출한 16개의 팀은 두 팀씩 나뉘어 경기하게 되고 경기에서 이기면 8강, 4강, 결승전 순으로 올라가며 패배하는 순간 그대로 탈락하게 됩니다. 이 경기 방식을 토너먼트 방식이라고 합니다. 월드컵에서는 별도로 3,4위전을 치릅니다.

A조	B조	C조	D조
브라질	스페인	콜롬비아	우루과이
크로아티아	네덜란드	그리스	코스타리카
멕시코	칠레	코트디부아르	잉글랜드
카메룬	호주	일본	이탈리아

E조	F조	G조	H조
스위스	아르헨티나	독일	벨기에
에콰도르	보스니아 헤르체고비나	포르투갈	알제리
프랑스	이란	가나	러시아
온두라스	나이지리아	미국	한국

〈2014 월드컵 본선 진출팀 조편성〉　〈우승 트로피〉

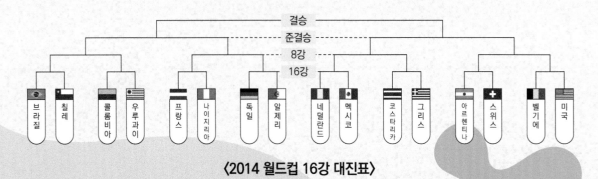

〈2014 월드컵 16강 대진표〉

2. 리그와 토너먼트

보고타 ★
    ★ 몽기

콜롬비아
Colombia

콜롬비아 둘째 날 DAY 2

무우와 친구들은 콜롬비아에서의 둘째 날,
<몽기>라는 작은 마을에 도착했어요.
자, 그럼 먼저 <몽기> 에서는 어떤 맛있는
음식과 재미있는 수학이 기다리고 있을지 떠나 볼까요?
고고~!!

단원 살펴보기

전망대에 다섯 명의 사람들이 모여서 별자리 빨리 찾기 게임을 하고 있습니다.

> **1.** 순위를 가리기 위해 리그 방식으로 경기를 진행한다면, 총 몇 번의 경기를 하게 될까요?
>
> **2.** 우승자를 선발하기 위해 토너먼트 방식으로 경기를 진행한다면, 총 몇 번의 경기를 하게 될까요?

1. 리그

리그란?

대회에 참가한 모든 팀이 각각 돌아가면서 한 차례씩 경기하여 성적에 따라 순위를 가리는 경기 방식을 말합니다.

1. A, B, C, D의 순위를 가리기 위해 리그 방식으로 모든 경기를 진행합니다. 총 몇 번 경기하게 될까요?

　➜ 나뭇가지 그림을 이용해 경기 횟수를 알아봅니다.

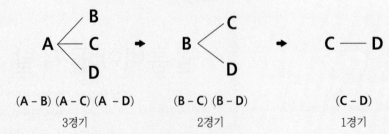

리그 방식으로는 총 6번의 경기를 해야 합니다.

2. 리그전에서 치르는 경기 횟수는 식을 이용해 간단히 구할 수도 있습니다.

　　(리그전에서 치르게 되는 경기 횟수) = [(팀의 수) × (팀의 수 − 1)] ÷ 2

토너먼트란?

대회에 참가한 팀을 두 팀씩 묶어서 진 팀은 탈락하고 이긴 팀끼리 경기하여 계단
식으로 올라가는 경기 방식을 말합니다.

1. A, B, C, D의 우승자를 선정하기 위해 토너먼트 방식으로 모든 경기를 진행합니
다. 총 몇 번 경기하게 될까요?

➡ 토너먼트 그림을 이용해 경기 횟수를 알아봅니다.

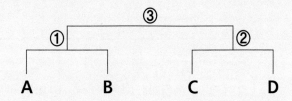

토너먼트 방식으로는 총 3번의 경기를 해야 합니다.

2. 토너먼트전에서 치르는 경기 횟수는 식을 이용해 간단히 구할 수도 있습니다.

(토너먼트전에서 치르게 되는 경기 횟수) = (팀의 수) − 1

정답

<1번 문제 풀이>

1. 나뭇가지 그림을 이용해 경기 횟수를 알아봅니다.

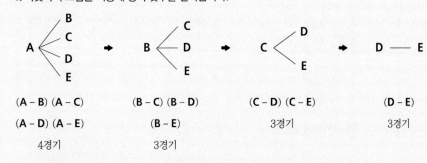

(A – B) (A – C)	(B – C) (B – D)	(C – D) (C – E)	(D – E)
(A – D) (A – E)	(B – E)	3경기	3경기
4경기	3경기		

　리그 방식으로는 총 4 + 3 + 2 + 1 = 10번의 경기를 해야 합니다.

2. 공식을 이용해 간단히 구할 수도 있습니다.
　➡ [(팀의 수) × (팀의 수 − 1)] ÷ 2 = [5 × (5−1)] ÷ 2 = (5 × 4) ÷ 2 = 20 ÷ 2 = 10번

<2번 문제 풀이>

1. 토너먼트 그림을 이용해 경기 횟수를 알아봅니다.

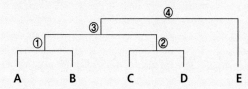

　토너먼트 방식으로는 총 4번의 경기를 해야 합니다.

2. 공식을 이용해 간단히 구할 수도 있습니다.
　➡ (팀의 수) − 1 = 5 − 1 = 4번

정답 : 1. 10번　2. 4번

바비큐 파티에 참여한 여덟 명의 사람이 모두 번갈아 가며 한 번씩 악수한다면 총 몇 번 악수하게 될까요?

Step 1 무우는 악수를 몇 번 하게 되는지 구하세요.

Step 2 상상, 알알, 제이는 각각 악수를 몇 번 하게 되는지 구하세요.

Step 3 바비큐 파티에 참여한 8명이 서로 한 번씩 악수한다면 총 몇 번 악수하게 되는지 구하세요.

풀이

🔍 Step 1   무우는 8명 중 자기 자신을 제외한 7명의 사람과 모두 악수를 한 번씩 하게 되므로 7번 악수하게 됩니다.

🔍 Step 2   상상, 알알, 제이도 무우와 마찬가지로 자기 자신을 제외한 7명의 사람과 모두 악수를 한 번씩 하게 되므로 각각 7번 악수하게 됩니다.

🔍 Step 3   8명의 사람은 모두 자기 자신을 제외한 7명의 사람과 모두 악수를 한 번씩 하게 됩니다. 8명이 번갈아 가며 한 번씩 악수하면 총 $8 \times 7 = 56$번 악수를 하는 것이라고 생각하겠지만 그렇지 않습니다.

예를 들어, 무우가 악수하는 7번의 횟수에는 상상이와 악수하는 1회가 포함되어 있습니다. 상상이가 악수하는 7번의 횟수에도 무우와 악수하는 1회가 포함되어 있습니다. 악수가 이뤄지는 것은 한 번이지만 무우와 상상이에게서 각각 한 번씩 총 두 번이 세어지므로 나누기 2를 해야 합니다.

따라서 8명의 사람은 총 $56 \div 2 = 28$번 악수하게 됩니다.

정답 : 7번 / 각 7번씩 / 28번

 확인하기 1

6명의 사람들이 모두 번갈아 가며 한 번씩 악수합니다. 6명의 사람은 총 몇 번의 악수하는지 구하세요.

 확인하기 2

사람 **A ~ E**가 있을 때 5명의 사람들이 모두 번갈아 가면서 한 번씩 악수한다면 모두 몇 번의 악수하는지 선으로 나타내세요.

A

B   **E**

C   **D**

2. 리그와 토너먼트

<무우의 퀴즈>

열여섯 마리의 사슴은 누구의 뿔이 가장 단단한지 겨루기합니다. 리그 방식과 토너먼트 방식, 두 가지 방식으로 경기를 진행한다면, 각각 총 몇 번의 경기를 해야 할까요?

Step 1 리그 방식으로 경기를 진행할 때, 총 몇 번의 경기를 해야 하는지 공식을 이용해 구하세요.

Step 2 두 명씩 짝지어 토너먼트 방식으로 경기를 진행할 때, 총 몇 번의 경기를 해야 하는지 토너먼트 그림을 그리세요.

Step 3 토너먼트 방식으로 경기를 진행할 때, 총 몇 번의 경기를 해야 하는지 공식을 이용해 구하세요.

Step 1 리그 방식으로 경기를 진행할 때 총 몇 번의 경기를 해야 하는지 구하는 공식은 [(팀의 수) × (팀의 수 − 1)] ÷ 2입니다.
16마리의 사슴이 경기에 참여했으므로
= [16 × (16 − 1)] ÷ 2
= [16 × 15] ÷ 2
= 120
따라서 리그 방식으로 경기를 진행할 때는 총 120번의 경기를 해야 합니다.

Step 2 토너먼트 그림을 이용해 경기 횟수를 알아봅니다.

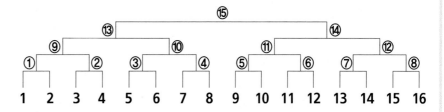

토너먼트 방식으로 1등을 가려내기 위해 총 15번의 경기를 해야 합니다.
토너먼트 방식으로 경기를 진행할 때 총 몇 번의 경기를 해야 하는지 구하는 공식은 (팀의 수) − 1입니다.
16마리의 사슴이 경기에 참여했으므로 경기 횟수는
= 16 − 1 = 15
따라서 토너먼트 방식으로 경기를 진행할 때는 총 15번의 경기를 해야 합니다.

정답 : 120번 / 풀이 과정 참조 / 15번

팔씨름 대회가 열렸습니다. 10명의 참가자의 순위를 가르기 위해 리그 방식으로 모든 경기를 치른다면, 총 몇 번의 경기를 해야 하는지 구하세요.

한 육상부에서는 이번에 열리는 대회에 참가할 대표를 뽑기 위해 육상부에 속한 모든 학생이 토너먼트 방식으로 경기를 치렀습니다. 총 11번의 경기가 진행할 때, 육상부 학생들은 모두 몇 명인지 구하세요.

01 무우네 반 친구들 12명은 2명씩 짝을 지어 하나의 풍선을 터뜨리는 풍선 터뜨리기 게임을 합니다. 12명의 친구가 모두 번갈아 가며 한 번씩 짝을 지어 풍선을 터뜨릴 때, 총 몇 개의 풍선이 필요한지 구하세요.

02 한 배드민턴부에서는 이번에 열리는 대회에 참가할 대표 한 명을 뽑습니다. 대표를 뽑기 위한 시합에는 배드민턴부 학생 20명이 모두 참가할 때, 리그 방식으로 시합을 진행할 때와 토너먼트 방식으로 시합을 진행할 때 각각 몇 번의 경기를 해야 하는지 구하세요.

03 한 농구 대회에 작년에는 8팀이 참가했고 올해에는 10팀이 참가합니다. 모든 경기는 리그 방식으로 치러질 때, 올해에는 작년보다 몇 번의 경기를 더 하는지 구하세요.

04 여섯 개의 점으로 이루어진 도형이 있습니다. 이 여섯 개의 점 중 두 개의 점을 이어 만들 수 있는 선분의 개수는 모두 몇 개인지 구하세요. (단, 이미 그려져 있는 여섯 개의 선분은 제외합니다.)

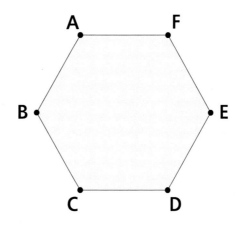

05 한 야구 대회에서는 모든 경기가 리그 방식으로 치러집니다. 이번에는 총 15번의 경기가 치러졌습니다. 야구 대회에 참가한 팀은 모두 몇 팀인지 구하고, 야구 대회가 토너먼트 방식으로 개최되었다면 총 몇 번의 경기가 치러지는지 구하세요.

06 한 모임에 참여한 6쌍의 부부는 모두 번갈아 가며 한 번씩 악수합니다. 자기 남편 또는 부인과는 악수하지 않을 때, 총 몇 번의 악수를 하는지 구하세요.

07 무우네 학교에서 남학생과 여학생 농구 대회가 동시에 열렸습니다. 남학생 대회는 토너먼트 방식으로 경기를 진행하며 37개의 팀이 참가했습니다. 여학생 대회는 리그 방식으로 경기가 진행하며 남학생 대회와 진행하는 경기 횟수가 같을 때, 대회에 참가한 여학생은 몇 팀인지 구하세요.

08 한 씨름부에서는 이번에 열리는 대회에 참가할 대표를 뽑습니다. 대표 선발 경기에는 16명의 선수가 참가하였고, 모든 경기는 단판 승 토너먼트 방식으로 치러졌습니다. 경기는 한 번에 한 경기만 치러지며 한 경기의 소요 시간은 5분, 경기 사이 준비 시간은 2분입니다. 16명의 선수가 모두 경기를 치르는 데 걸리는 시간은 총 몇 분인지 구하세요.

09 A, B, C, D의 사람은 모두 서로 한 번씩 악수합니다. 현재까지 A는 악수를 3번 했고 B는 2번, C는 1번 했습니다. D는 악수를 모두 몇 번 했는지 구하세요.

10 아래 조건에 맞게 토너먼트 그림을 완성하세요.

> **조건**
>
> **1.** A, B, C, D가 경기합니다.
>
> **2.** A는 D를 이겼습니다.
>
> **3.** C는 A를 이겼습니다.

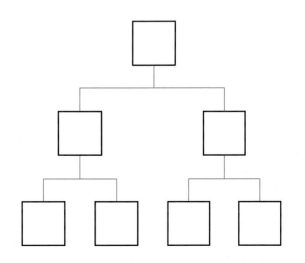

01 탁구 대회가 열렸습니다. 이번 대회에는 총 32개의 팀이 참가하며, 경기는 리그와 토너먼트 방식을 결합하여 치러집니다. 조건을 참고하여 총 몇 번의 경기가 치러지는지 구하세요.

조건

1. 본선 진출을 위해 32개의 팀을 8개 조로 나누어 4명씩 있는 한 조 안에서 리그 방식으로 경기합니다.

2. 각 조에서 1등과 2등을 한 16개의 팀은 본선에 진출합니다.

3. 본선에 진출한 16개의 팀은 두 팀씩 나뉘어 토너먼트 방식으로 경기합니다.

4. 추가로 3, 4위 결정전을 합니다.

정답 및 풀이 P.12

02 무우와 3명의 친구는 방과 후 특별 활동을 위해 두 명씩 짝을 이루었습니다. 특별 활동을 시작하기 전 4명의 친구는 자신의 짝을 제외한 모두와 번갈아 가며 한 번씩 악수합니다. 악수하던 도중 무우는 3명의 친구에게 악수를 몇 번 했는지 물었는데 3명이 모두 다른 횟수를 말했습니다. 무우는 몇 번의 악수를 하는지 구하세요.

03 오늘은 상상이네 학교 축제 날입니다. 곧 있을 풍선 터뜨리기 행사에 상상이네 반이 참여합니다. 상상이네 반 친구들은 남학생 13명, 여학생 9명일 때, 〈규칙〉을 참고하여 상상이네 반이 준비해야 할 색깔별 풍선의 개수는 각각 몇 개인지 구하세요.

규칙

1. 반 친구들 모두가 두 명씩 번갈아 가며 짝을 지어 한 개의 풍선을 터뜨립니다.

2. 여학생끼리는 빨간색 풍선을 터뜨립니다.

3. 남학생끼리는 파란색 풍선을 터뜨립니다.

4. 남학생과 여학생은 노란색 풍선을 터뜨립니다.

---

04 〈조건〉에 맞게 토너먼트 그림을 완성하세요.

> **조건**
>
> **1.** A, B, C, D, E, F가 경기합니다.
>
> **2.** F와 B는 경기를 한 번 했습니다.
>
> **3.** C는 F와 E를 이겼으며 경기를 세 번 했습니다.
>
> **4.** D는 두 번의 경기로 우승했습니다.

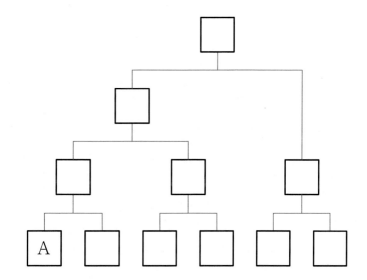

01 이번에 열리는 스피드 스케이트 대회에 참가할 두 명의 선수를 뽑습니다. 예선전을 거쳐 최종 4명의 선수가 남게 되었고, 4명의 선수 중 상위 두 명의 선수를 토너먼트 방식을 이용해 선발했습니다. 이후, 선수들의 경기 기록을 살펴보던 중 이상한 점을 발견했습니다. 대표로 선발된 두 명의 선수 중 한 선수의 기록이 오히려 선발되지 않은 한 선수의 기록보다 더 나빴습니다. 과연 어떻게 된 일인지 이유를 적으세요. 또한, 이 문제를 해결하기 위해 어떤 방식으로 경기를 진행해야 하는지 이야기하세요.

02

마을 사람은 곧 마을의 큰 축제를 앞두고 있습니다. 그 중 한 행사를 어떤 방식으로 진행할지 이야기하고 있는데, 다들 서로의 의견만 고집하고 있습니다. 무우와 친구들은 마을 사람들의 고민을 해결해 줄 수 있을까요?

<행사 진행 방식>

· 행사에는 20명의 마을 사람들이 참여합니다.

· 가장 경기 횟수가 적은 사람의 주장대로 경기합니다.

A씨의 주장 : 20명이 두 명씩 짝지어 토너먼트 방식으로 5명이 남을 때까지 경기하고 남은 5명이 리그 방식으로 경기합시다.

B씨의 주장 : 20명이 네 명씩 5개 조로 나뉘어 리그 방식으로 경기하고 각 조의 1등과 2등을 한 10명이 토너먼트 방식으로 경기합시다.

C씨의 주장 : 그냥 20명의 사람이 모두 리그 방식으로 경기합시다.

콜롬비아에서 둘째 날 모든 문제 끝~!
메데진으로 이동하는 무우와 친구들에게 어떤 일이 일어날까요?

우표?

우표는 편지를 부칠 때 우편 요금을 낸 표시로 편지에 붙이는 증표를 말합니다. 우표마다 나타내는 우편 요금은 다르며, 여러 장의 우표를 붙여 원하는 우편 요금을 표시할 수도 있습니다. 필요한 우편 요금보다 우표를 적게 붙이면 보낸 사람에게 다시 돌아오게 됩니다.

이와 관련된 재밌는 일화가 있습니다. 어느 테러리스트는 편지에 폭탄을 설치해 폭탄 편지를 만들어 보냈는데, 우편 요금이 모자라 편지가 다시 돌아왔습니다. 이 편지가 자신의 폭탄 편지라는 것을 잊었던 테러리스트는 그 편지를 본인이 열어봤다가 폭탄이 터져 죽고야 말았습니다.

〈세계 최초의 우표〉

3. 금액 만들기

콜롬비아 셋째 날 DAY 3

무우와 친구들은 콜롬비아에사의 셋째 날,
<메데진>에 도착했어요.
자~ 그럼 먼저 벽화를 보러 이동해 볼까요?
무우와 친구들과 함께 떠나보아요~

콜롬비아
Colombia

알알이가 가지고 있던 동전의 총 금액은 820원이며 7개의 동전을 가지고 있었습니다. 과연 무우는 어떤 동전을 몇 개씩 가지고 있었을까요?

1. 금액을 지불하는 방법

1. 일상생활에서 금액을 지불할 때 여러 가지 방법으로 지불할 수 있습니다.

예시문제 무우는 500원짜리 동전 한 개와 100원짜리 동전 5개, 50원짜리 동전 2개를 가지고 있습니다. 무우가 600원짜리 과자를 사 먹는 방법은 몇 가지일까요?

풀이 무우가 600원짜리 과자를 사 먹는 방법은 표를 이용해 구할 수 있습니다.

500원	100원	50원	총금액
1개	1개	0개	600원
1개	0개	2개	600원
0개	5개	2개	600원

➡ 무우는 세 가지 방법으로 600원을 지불할 수 있습니다.

2. 동전의 개수

1. 동전의 총 개수와 금액을 이용해 어떤 동전이 몇 개씩 있는지 알 수 있습니다.

예시문제 상상이는 4개의 동전을 가지고 있으며 동전의 총금액은 700원입니다. 상상이는 어떤 동전을 몇 개씩 가지고 있을까요?

풀이 동전 4개로 700원을 만들기 위해 반드시 500원짜리 동전 한 개가 필요합니다.

➡ 3개의 동전으로 200원을 만드는 방법을 생각합니다.

동전 3개로 200원을 만들기 위해 반드시 100원짜리 동전 한 개가 필요합니다.

➡ 2개의 동전으로 100원을 만드는 방법을 생각합니다.

동전 2개로 100원을 만들기 위해 50원짜리 동전 두 개가 필요합니다.

따라서 상상이가 가진 동전은 500원짜리 동전 한 개, 100원짜리 동전 한 개,

50원짜리 동전 2개입니다.

2. 어떤 금액을 정확히 지불할 수 없을 때도 있습니다.

예시문제 편지를 원하는 곳에 보내기 위해 정확한 우편 요금에 해당하는 우표를 붙여야 합니다. 무우는 300원짜리 우표 세 장과 400원짜리 우표 두 장을 가지고 있을 때, 무우가 편지를 보낼 수 있는 곳은 어디일까요?

< 우편 요금 : 상상이네 ➡1,200원, 알알이네 ➡ 1,100원, 제이네➡ 500원>

풀이 상상이네 : 어떤 방법으로 우표를 사용해도 1,200원을 만들 수 없습니다.

알알이네 : 300원짜리 우표 한 장과 400원짜리 우표 두 장을 이용합니다.

제이네 : 어떤 방법으로 우표를 사용해도 500원을 만들 수 없습니다.

따라서 무우는 알알이에게 편지를 보낼 수 있습니다.

 정답

1. 500원 다음으로 큰 100원짜리 동전 7개로 만들더라도 700원은 820원보다 작습니다.
   동전 7개로 820원을 만들기 위해 반드시 500원짜리 동전 한 개가 필요합니다.
   20원을 만들기 위해 반드시 10원짜리 동전 두 개가 필요합니다.
   ➡ 필요한 동전은 500원짜리 한 개와 10원짜리 두 개입니다. 총 3개의 동전을 찾았습니다.
2. 남은 네 개의 동전으로 300원을 만드는 방법을 생각합니다.
   100원 다음으로 큰 50원짜리 동전 4개로 만들더라도 200원은 300원보다 작습니다.
   동전 4개로 300원을 만들기 위해 반드시 100원짜리 동전 두 개가 필요합니다.
   ➡ 필요한 동전은 100원짜리 두 개입니다. 총 5개의 동전을 찾았습니다.
3. 2개의 동전으로 100원을 만드는 방법을 생각합니다.
   동전 2개로 100원을 만드는 방법은 50원짜리 두 개를 이용하는 것입니다.
4. 따라서 알알이의 주머니 속에 있던 동전은 500원짜리 동전 한 개, 100원짜리 동전 두 개, 50원짜리 동전 두 개, 10원짜리 동전 두 개입니다.

1. 금액을 지불하는 방법

무우는 1,000페소짜리 동전 7개와 500페소짜리 동전 8개, 200페소짜리 동전 10개를 가지고 있습니다. 무우가 6,000페소를 지불할 수 있는 방법은 모두 몇 가지 일까요?

Step 1 한 종류의 동전만을 사용해 6,000페소를 지불하는 방법은 모두 몇 가지인지 구하세요.

Step 2 두 종류의 동전을 사용해 6,000페소를 지불하는 방법은 모두 몇 가지인지 구하세요.

Step 3 세 종류의 동전을 사용해 6,000페소를 지불하는 방법은 모두 몇 가지인지 구하세요.

Step 4 무우가 6,000페소를 지불하는 방법은 모두 몇 가지인지 구하세요.

풀이

Step 1 한 종류의 동전만을 사용해 6,000페소를 지불하는 방법은 1,000페소짜리 동전 6개를 이용하는 것입니다.

Step 2 두 종류의 동전을 사용해 6,000페소를 지불하는 방법은 표를 이용해 구합니다.

1,000페소	500페소
5개	2개
4개	4개
3개	6개
2개	8개

1,000페소	200페소
5개	5개
4개	10개

500페소	200페소
8개	10개

두 종류의 동전을 사용하는 방법은 4 + 2 + 1 = 7가지입니다.

Step 3 세 종류의 동전을 사용해 6,000페소를 지불하는 방법은 표를 이용해 구합니다.

1,000페소	500페소	200페소
4개	2개	5개
3개	4개	5개
3개	2개	10개
2개	6개	5개
2개	4개	10개
1개	8개	5개
1개	6개	10개

세 종류의 동전을 사용하는 방법은 7가지입니다.

Step 4 따라서 무우가 6,000페소를 지불할 수 있는 방법은 모두 1 + 7 + 7 = 15가지입니다.

정답 : 1가지 / 7가지 / 7가지 / 15가지

확인하기 1

10원, 50원, 100원짜리 동전 여러 개를 이용해 350원을 지불하는 방법은 모두 몇 가지인지 구하세요.

확인하기 2

상상이는 50원, 100원, 500원짜리 동전을 각 하나씩 가지고 있습니다. 상상이가 지불할 수 있는 금액은 모두 몇 가지인지 구하세요.

2. 동전의 개수

<제이의 문제>

지금 내 동전 지갑에는 20페소, 50페소, 100페소짜리 동전을 합쳐 총 10개가 있고 총금액은 560페소야. 내 동전 지갑에 어떤 동전이 몇 개씩 들어있는지 가장 맞히는 사람에게 이 사탕을 줄게!

Step 1 560페소 중 60페소를 만들기 위해 어떤 동전이 몇 개 필요한지 구하세요.

Step 2 50페소짜리 동전, 100페소짜리 동전은 각 몇 개씩 필요한지 구하세요.

Step 3 제이의 동전 지갑에 어떤 동전이 몇 개씩 들어있는지 구하세요.

Step 1   20페소, 50페소, 100페소짜리 동전을 이용해 60페소를 만드는 방법은 20페소짜리 동전 3개를 이용하는 것입니다. 10개의 동전 중 20페소짜리 동전 8개를 이용해 160페소를 만들 수도 있지만 남은 두 개의 동전으로 400페소를 만들 수 없으므로 적절하지 않습니다.
따라서 20페소짜리 동전 3개를 이용해 60페소를 만듭니다.

Step 2   60페소를 만들기 위해 반드시 20페소짜리 동전 3개가 필요하므로 남은 7개의 동전으로 500페소를 만드는 방법을 생각합니다.
7개의 동전으로 500페소를 만드는 방법은 50페소짜리 동전 4개, 100페소짜리 동전 3개를 이용하는 것입니다.
50페소 × 4개 = 200페소, 100페소 × 3개 = 300페소
➔ 200페소 + 300페소 = 500페소

Step 3   따라서 제이의 동전 지갑에는 20페소짜리 동전 3개, 50페소짜리 동전 4개, 100페소짜리 동전 3개가 들어 있습니다.

정답 : 20페소-3개 / 50페소-4개, 100페소-3개

확인하기 1

50원, 100원, 500원짜리 동전을 합쳐 총 5개의 동전이 있으며 총금액은 1,200원일 때, 어떤 동전이 몇 개씩 있는지 각각의 개수를 구하세요.

확인하기 2

10원, 50원, 100원짜리 동전을 합쳐 총 10개의 동전이 있으며 총금액은 620원일 때, 어떤 동전이 몇 개씩 있는지 각각의 개수를 구하세요.

01 무우는 500원짜리 동전 한 개와 100원, 50원짜리 동전 각 2개씩을 가지고 있습니다. 무우가 지불할 수 있는 금액은 모두 몇 가지인지 구하세요.

02 알알이는 동전 지갑에 50원, 100원, 500원짜리 동전 여러 개를 가지고 있습니다. 알알이가 800원짜리 지우개를 사는데 금액을 지불하는 방법은 모두 몇 가지인지 구하세요.

03 제이는 10원, 50원, 100원, 500원짜리 동전을 합쳐 총 9개의 동전이 있으며 총 금액은 880원입니다. 제이는 어떤 동전을 몇 개씩 가지고 있는지 각각의 개수를 구하세요.

04 상상이는 잔돈이 필요해 500원짜리 동전 두 개를 100원짜리 동전과 50원짜리를 합쳐 총 16개의 동전으로 바꿨습니다. 상상이는 어떤 동전을 몇 개씩 가지게 되었는지 각각의 개수를 구하세요.

05 빨간색 영역은 10점, 노란색 영역은 5점의 점수를 얻는 다트판이 있습니다. 다트를 여러 번 던져 60점을 만드는 방법은 모두 몇 가지인지 구하세요. (단, 다트가 맞지 않는 경우와 다트를 던지는 순서는 생각하지 않습니다.)

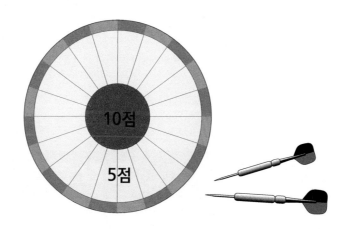

06 무우는 300원짜리 우표 4장과 500원짜리 우표 2장을 가지고 있습니다. 이 여섯 장의 우표를 이용해서 무우가 지불할 수 있는 우편 요금은 모두 몇 가지인지 구하세요.

07 상상이는 50원짜리 동전과 100원짜리 동전을 같은 개수만큼 가지고 있습니다. 상상이가 가진 동전들의 총금액은 1200원일 때, 50원짜리 동전과 100원짜리 동전은 각각 몇 개씩 있는지 구하세요.

08 한 박물관의 입장료는 어른 1,000원, 청소년 800원, 어린이 500원입니다. 9명이 총 7,000원의 입장료를 내고 들어갔다면 9명의 사람 중 어른, 청소년, 어린이는 각각 몇 명인지 구하세요. (단, 어른, 청소년, 어린이는 최소 각 한 명 이상이 입장했습니다.)

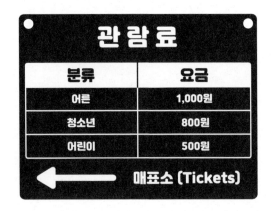

09 알알이는 580원짜리 물건을 사는데 천 원짜리 지폐 한 장을 내고 거스름돈으로 동전 8개를 받았습니다. 알알이는 어떤 동전을 몇 개씩 받았는지 각각의 종류와 개수를 모두 구하세요.

10 놀이공원에 간 무우와 친구들은 바구니에 공을 던져서 넣는데 성공하면 점수를 얻는 게임을 했습니다. 빨간색 공을 넣으면 50점, 노란색 공을 넣으면 80점을 얻을 수 있으며 400점 이상을 얻는 경우 인형을 받습니다. 다음 중 거짓말을 하고 있는 친구는 누구인지 찾으세요.

> 무우 : 나는 400점을 얻어 인형을 받았어.
>
> 상상 : 나는 230점밖에 얻지 못했어.
>
> 알알 : 나는 360점을 얻어 아쉽게 인형을 못받았어.
>
> 제이 : 나도 실수를 많이 해 270점밖에 얻지 못했어.

01
빨간색 영역은 10점, 노란색 영역은 8점, 초록색 영역은 6점의 점수를 얻는 다트판이 있습니다. 10개의 다트를 던져 모두 맞혔을 때, 80점을 얻는 방법은 모두 몇 가지인지 구하세요. (단, 다트를 던지는 순서는 생각하지 않습니다.)

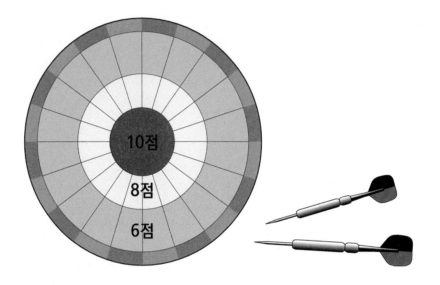

02 제이는 주머니에 구멍이 나서 가지고 있던 동전 일부를 잃어버렸습니다. 원래 14개의 동전을 가지고 있었으며 총금액은 940원이었는데, 420원만이 남게 되었습니다. 제이가 잃어버린 동전의 개수로 가능한 수를 모두 구하세요.

03 어느 미술관의 입장료는 어른 1,100원, 청소년 900원, 어린이 600원이며, 10명 이상 단체의 경우 한 명당 요금에서 100원씩 할인합니다. 여러 사람이 총 12,600원의 요금을 내고 들어갔을 때, 가장 많은 수의 사람이 들어갈 때와 가장 적은 수의 사람이 들어갈 때 인원수의 차를 구하세요. (단, 두 경우 모두 어른, 청소년, 어린이는 최소 각 한 명 이상이 입장했습니다.)

초등 E 자료와 가능성 (콜롬비아편)

04 무우는 240원, 380원, 400원짜리 우표를 여러 장씩 가지고 있습니다. 무우는 우편 요금이 1,260원, 1,400원인 두 친구에게 편지를 한 번씩 보낼 때, 각각 어떤 우표가 몇 장씩 필요한지 모두 구하세요.

01

아래와 같이 빵집에서 빵을 팔고 있습니다. 상상이는 천 원짜리 지폐 두 장과 10개의 동전을 합쳐 총 3,200원을 가지고 있었습니다. 빵 가게에 들린 상상이는 두 개의 빵을 사고 650원이 남았습니다. 상상이가 구입한 두 개의 빵은 무엇일지 알맞은 것을 골라보고 빵을 구입하는 데 사용한 동전의 개수로 가능한 수를 모두 구하세요.

소보로빵
1,250원

피자빵
1,500원

크림빵
1,300원

단팥빵
1,100원

02
창의융합문제

네 명의 친구가 공평하게 5,000페소를 나누어 가집니다. 아래의 대화를 참고해 친구들의 요구를 모두 만족시키기 위해 5,000페소를 어떤 동전 몇 개로 바꿔야 할지 필요한 각 동전의 개수를 구하세요. (단, 동전의 종류는 50페소, 100페소, 200페소, 500페소 네 가지입니다.)

> 무우 : 나는 최대한 적은 개수의 동전으로 바꿀래.
>
> 상상 : 나는 200페소짜리 동전을 최대한 많이 받고 싶어!
>
> 알알 : 나는 최대한 많은 개수의 동전으로 바꿀래.
>
> 제이 : 나는 200페소짜리 동전을 빼고 최대한 적은 개수의 동전으로 바꿀래!

콜롬비아에서 셋째 날 모든 문제 끝~!
산타마르타로 이동하는 무우와 친구들에게 어떤 일이 일어날까요?

미로?

미로는 복잡한 길을 찾아 출발점부터 시작해 도착점까지 도달하는 퍼즐입니다.
아래 미로 찾기 퍼즐에 출발점에서부터 최대한 돌아가지 않고 빠르게 도착점까지 갈
수 있는 길을 선으로 표시하세요.

출발점

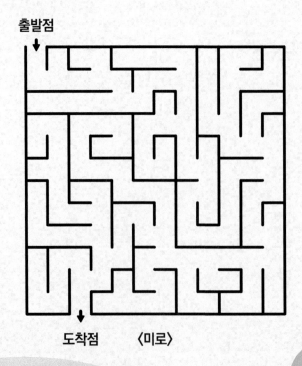

도착점 〈미로〉

4. 가장 빠른 길 찾기

콜롬비아 넷째 날 DAY 4

무우와 친구들은 콜롬비아에서의 넷째 날,
<산타마르타>에 도착했어요.
자~ 그럼 먼저 <타이로나 국립 공원>으로 이동해 볼까요?
어떤 재미있는 일이 무우와 친구들을 기다리고 있을까요?
함께 떠나보아요~

콜롬비아
Colombia

현 위치에서 집합 장소로 돌아갈 수 있는 서로 다른 최단 경로의 가짓수를 구하세요.

1. 가장 짧은 길의 가짓수

▶ 일상생활에서 돌아가지 않고 최대한 짧은 길로 이동하기 위해 노력합니다. 출발점에서 도착점까지 가장 빠른 시간 안에 갈 수 있는 길을 최단 경로라고 합니다.

1. 집에서부터 학교까지 갈 수 있는 서로 다른 경로는 2가지입니다.

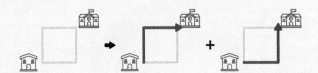

2. 집에서부터 학교까지 갈 수 있는 서로 다른 최단 경로의 가짓수는 3가지입니다.

직접 그리는 방법 이외에도 아래와 같은 방식으로 구할 수 있습니다.

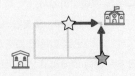

집에서부터 학교에 가려면 반드시 ☆ 또는 ★ 지점을 거쳐야만 합니다. 노란 별 또는 주황 별에 도착한 후 학교까지 최단 경로로 가는 방법은 한 가지밖에 없으므로 두 지점까지 가는 최단 경로의 가짓수를 각각 구한 후 더해 총 최단 경로의 가짓수를 구합니다.

① ☆ 까지 가는 최단 경로의 가짓수 ➡ 2가지

☆ 까지 가기 위해 반드시 ● 또는 ○ 지점을 거쳐야만 합니다. 두 지점까지 가는 최단 경로의 가짓수를 각각 구한 후 더하는 방식으로 구합니다.

② ★ 까지 가는 최단 경로의 가짓수 ➡ 1가지

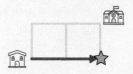

따라서 집에서부터 학교까지 갈 수 있는 최단 경로의 가짓수는 2 + 1 = 3가지입니다.

정답

1. 현 위치에서 출발하여 집합 장소에 도착하기 위해 반드시 노란 별 또는 주황 별 지점을 거쳐야만 합니다. 노란 별 또는 주황 별에 도착한 후 원래 장소까지 최단 경로로 가는 방법은 한 가지밖에 없으므로 두 지점까지 가는 최단 경로의 가짓수를 각각 구한 후 더해 총 최단 경로의 가짓수를 구합니다.

2. 노란 별까지 가는 최단 경로의 가짓수는 3가지입니다.

3. 주황 별까지 가는 최단 경로의 가짓수는 1가지입니다.

4. 따라서 현 위치에서 집합 장소로 돌아갈 수 있는 최단 경로의 가짓수는 3 + 1 = 4가지입니다.

1. 가장 짧은 길의 가짓수

현 위치에서 보물 상자의 위치까지 가장 빠르게 갈 수 있는 길의 가짓수는 몇 가지일까요?

Step 1 지도에 표시된 노란 별과 주황 별은 보물 상자의 위치까지 가기 위해 반드시 거치게 되는 지점입니다. 노란 별과 주황 별까지 가장 빠르게 갈 수 있는 길의 가짓수를 구하세요.

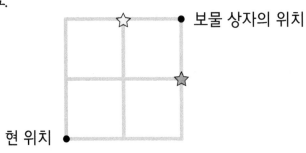

Step 2 현 위치에서 보물 상자의 위치까지 가장 빠르게 갈 수 있는 길의 가짓수를 구하세요.

Step 1 1. 노란 별까지 갈 수 있는 최단 경로의 가짓수 ➡ 3가지

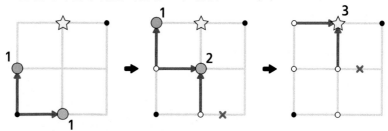

노란 별까지 가기 위해 반드시 거치게 되는 지점들에 각 지점까지 최단 경로의 가짓수를 숫자로 표시합니다. 여러 개의 화살표가 만나는 경우 직전 지점들에 적힌 숫자의 합을 적습니다. ✕ 표시된 방향으로 가면, 노란 별까지 최단 경로로 갈 수 없으므로 가지 않습니다. 총가짓수를 구하면 3가지입니다.

2. 주황 별까지 갈 수 있는 최단 경로의 가짓수 ➡ 3가지

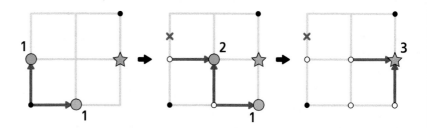

Step 2 노란 별 또는 주황 별에 도착한 후 보물 위치까지 최단 경로로 가는 방법은 한 가지밖에 없으므로 두 지점까지 가는 최단 경로의 가짓수를 더해 총가짓수를 구합니다.

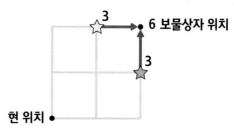

따라서 현 위치에서 보물 위치까지 갈 수 있는 최단 경로의 가짓수는 3 + 3 = 6가지입니다.

정답 : ☆ - 3가지, ★ - 3가지 / 6가지

확인하기

A 지점에서 B 지점까지 갈 수 있는 최단 경로의 가짓수를 구하세요.

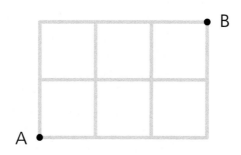

4 대표문제

2. 들렀다 가는 가장 짧은 길

곰 한 마리는 친구 곰의 생일 파티에 초대되었습니다. 빈손으로 갈 수 없었던 곰은 가는 길에 친구 곰이 좋아하는 벌집을 하나 떼서 갑니다. 곰이 집에서 출발하여 벌집을 떼서 친구 곰 집에 가장 빠르게 갈 수 있는 길의 가짓수는 얼마일까요?

Step 1 집에서부터 벌집이 있는 위치까지 갈 수 있는 최단 경로의 가짓수를 구하세요.

Step 2 벌집이 있는 위치에서부터 친구 곰 집까지 갈 수 있는 최단 경로의 가짓수를 구하세요.

Step 3 곰이 집에서 출발하여 벌집을 떼서 친구 곰 집에 도착하는 최단 경로의 가짓 수를 구하세요.

풀이

Step 1 집에서 벌집이 있는 위치까지 갈 수 있는 최단 경로의 가짓수 ➡ 3가지

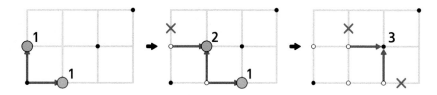

Step 2 벌집이 있는 위치에서 친구 곰 집까지 갈 수 있는 최단 경로의 가짓수 ➡ 2가지

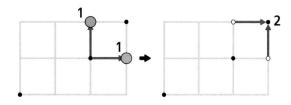

Step 3 집에서 출발하여 벌집을 떼고 친구 곰 집까지 갈 수 있는 최단 경로는 Step 1 에서 구한 가짓수와 Step 2 에서 구한 가짓수를 곱하여 구합니다.

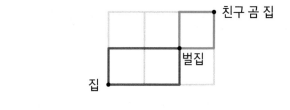

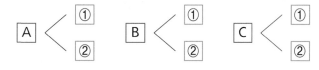

집에서 벌집까지 3가지 경로를 A, B, C라고 하고 벌집에서 친구 곰 집까지 2가지 경로를 ①, ②라고 합니다. 집에서 벌집까지 A, B, C 중 한 경로를 선택해 간 후 벌집에서 친구 곰 집까지 ①, ② 중 한 경로를 선택할 수 있습니다. 따라서 총가짓수는 3 × 2 = 6가지입니다.

정답 : 3가지 / 2가지 / 6가지

확인하기

A에서 출발하여 B에 들렀다가 C까지 갈 수 있는 최단 경로의 가짓수를 구하세요.

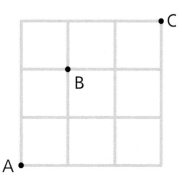

01 A 지점에서 B 지점까지 갈 수 있는 서로 다른 최단 경로를 모두 그리세요.

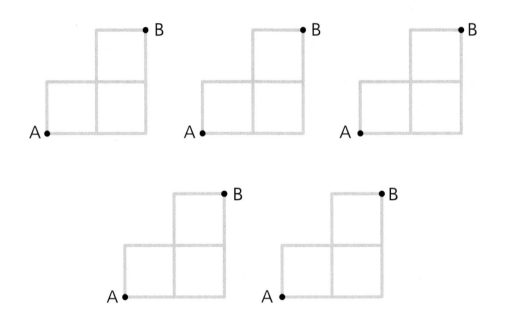

02 □ 안에 그 지점까지 갈 수 있는 최단 경로의 가짓수를 적고 ● 지점에서 ○ 지점까지 갈 수 있는 최단 경로의 가짓수를 구하세요.

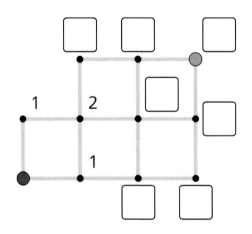

03 아래는 무우네 마을을 간략하게 지도로 나타낸 것입니다. 무우가 집에서 출발해 빵집에 들렀다가 상상이네 집까지 갈 수 있는 최단 경로의 가짓수를 구하세요.

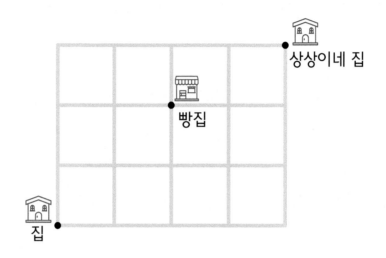

04 A 지점에서 B 지점까지 갈 수 있는 최단 경로의 가짓수를 구하세요.

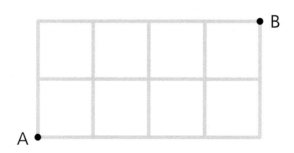

05 A에서 출발하여 B에 들렀다가 C까지 갈 수 있는 최단 경로의 가짓수를 구하세요.

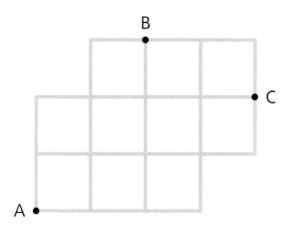

06 아래는 상상이네 마을 지도를 간략하게 나타낸 것입니다. 며칠 전 내린 비 때문에 물이 고여 있는 길로는 지나갈 수 없을 때, 상상이가 집에서부터 학교까지 갈 수 있는 최단 경로의 가짓수를 구하세요.

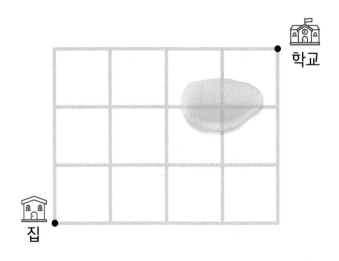

07 집에서부터 학원까지 갈 수 있는 최단 경로의 가짓수를 구하세요.

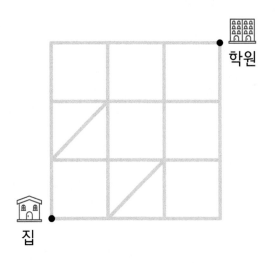

08 아래는 제이네 집에서 학교까지의 경로를 그림으로 나타낸 것입니다. 제이가 학교에 가기 전 문방구에 들를 때, 집에서부터 학교까지 갈 수 있는 최단 경로의 가짓수를 구하세요.

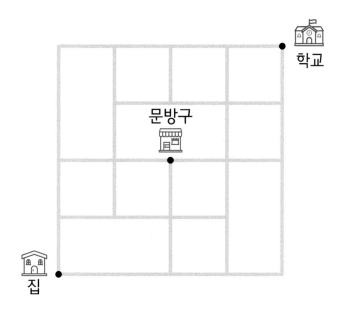

09 A 지점에서 B 지점까지 갈 수 있는 최단 경로의 가짓수를 구하세요.

01 아래는 한 건물의 내부를 간략하게 지도로 나타낸 것입니다. 입구에서 출구까지 갈 수 있는 최단 경로의 가짓수를 구하세요.

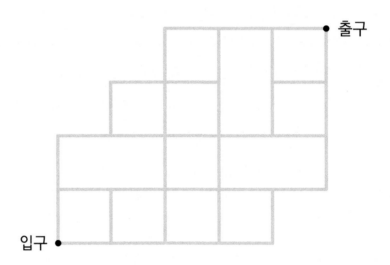

02 아래는 알알이네 마을 지도를 간략하게 나타낸 것입니다. 최근 태풍으로 인한 피해로 몇몇 군데의 길이 복구 중이어서 지나갈 수 없을 때, 알알이가 집에서부터 도서관까지 갈 수 있는 최단 경로의 가짓수를 구하세요.

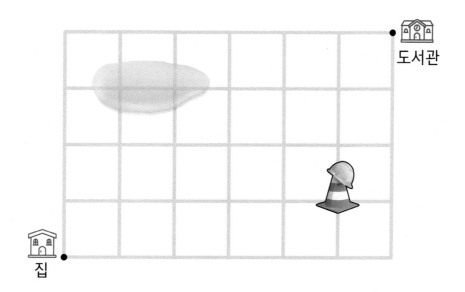

03 A에서 B까지 갈 수 있는 최단 경로의 가짓수를 구하세요. (단, 화살표가 있는 곳은 그 방향으로만 이동할 수 있습니다.)

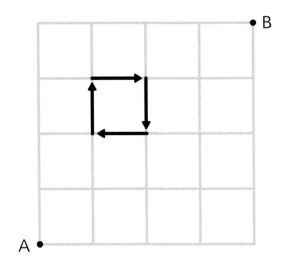

04 꿀벌이 살고 있는 벌집 일부입니다. 꿀벌이 입구에서 출발하여 출구까지 가장 빠르게 나올 수 있는 최단 경로의 가짓수를 구하세요.

01 12개의 선분으로 이루어진 입체도형이 있습니다. 이 입체도형의 모든 선분의 길이는 같을 때, A에서 B까지 갈 수 있는 최단 경로의 가짓수를 구하세요.

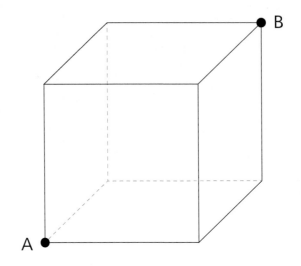

02

창의융합문제

무우와 친구들은 함정에 빠지고 말았습니다. <보기>의 퀴즈를 풀어 무우와 친구들이 함정에서 빠져나갈 수 있게 도와주세요.

보기

①번 지점부터 번호순으로 ④번 지점까지 가장 빠르게 가는 방법은 모두 몇 가지인지 찾아봐! 그럼 함정에서 꺼내 주지!

① ➡ ② ➡ ③ ➡ ④

콜롬비아에서 넷째 날 모든 문제 끝~!
카르타헤나로 이동하는 무우와 친구들에게 어떤 일이 일어날까요?

누가 더 잘 했을까요?

무우와 상상이는 시험 결과에 대해 이야기하고 있습니다.

무우 : 나는 수학 100점, 영어 80점, 국어 60점을 맞았어!

상상 : 나는 수학, 영어, 국어 세 과목 모두 90점이야!

무우와 상상이의 시험 성적을 비교하는 방법으로는 세 과목 점수의 총점을 비교하는 방법, 가장 잘 본 과목의 점수를 비교하는 방법 등 여러 가지가 있습니다.

1. 세 과목 점수의 총점을 비교하는 방법

   무우 : 100 + 80 + 60 = 240점

   상상 : 90 + 90 + 90 = 270점

   이 방법으로 비교할 때 총점이 높은 상상이가 더 시험을 잘 봤습니다.

2. 가장 잘 본 과목의 점수를 비교하는 방법

   무우 : 수학-100점

   상상 : 수학, 영어, 국어-90점

   이 방법으로 비교할 때 최고점이 높은 무우가 더 시험을 잘 봤습니다.

과연 둘 중 전체적으로 더 시험을 잘 본 친구는 누구라고 할 수 있을까요?

5. 표와 그래프(평균)

콜롬비아

콜롬비아 다섯째 날 DAY 5

무우와 친구들은 콜롬비아에서의 다섯째 날,
<카르타헤나>에 도착했어요.
<카르타헤나>에서 재미있게 놀아볼까요?
무엇이 기다리고 있을지 함께 떠나보아요~

궁금해요

기념품 가게에 있는 물건들을 한눈에 알아보기 쉽게 표에 정리하여 나타내세요.

종류				
개수				

1. 표와 그래프

무우는 반 친구들이 좋아하는 색깔을 조사했습니다. 반 친구들이 어떤 색을 가장 좋아하고, 좋아하지 않는지 한눈에 알아보는 방법은 없을까요?

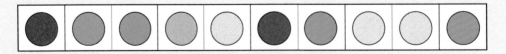

1. 표를 이용해 한눈에 알아보기 쉽게 나타낼 수 있습니다.

색깔	빨간색	주황색	초록색	파란색
인원수	2명	3명	1명	4명

무우네 반 친구들은 파란색을 가장 좋아하며 초록색을 가장 좋아하지 않습니다.

2. 그래프를 이용해 한눈에 알아보기 쉽게 나타낼 수 있습니다.

	빨간색	주황색	초록색	파란색
5명				
4명				●
3명		●		●
2명	●	●		●
1명	●	●	●	●

무우네 반 친구들은 파란색을 가장 좋아하며 초록색을 가장 좋아하지 않습니다.

2. 평균

일상생활에서 평균 키, 평균 점수 등 ··· 여러 가지 수치들에 대해 평균을 구하고 이를 이용합니다. 평균이란 자료 전체의 합을 자료의 개수로 나눈 값을 말합니다.
(평균) = (자료 전체의 합) ÷ (자료의 개수)

예시문제 **삼 남매의 나이는 각각 8살, 10살, 12살입니다. 삼 남매 나이의 평균은 얼마일까요?**

풀이 삼 남매 나이의 총합 ➡ 8 + 10 + 12 = 30 (평균 나이) = (삼 남매 나이의 합) ÷ (인원수) ➡ 30 ÷ 3 = 10

따라서 삼 남매 나이의 평균은 10살입니다.

정답

1. 어떤 물건이 몇 개씩 있는지 개수를 셉니다.
2. 종류 적힌 줄에는 물건들의 이름을 적고, 개수가 적힌 줄에는 각 물건의 종류에 맞는 개수를 적습니다.

○ 3개
○ 6개
○ 1개
○ 4개

3. 위 과정에 따라 표를 완성하면 다음과 같습니다.

종류	구슬	엽서	인형	시계
개수	3개	6개	1개	4개

한 소녀는 여러 가지 색의 구슬 100개를 바닷가에 떨어뜨리고 말았습니다. 현재까지 찾은 구슬의 개수가 표와 같을 때, 무우와 친구들은 초록색 구슬 몇 개를 더 찾아야 할까요?

종류	구슬의 개수
⬤	◎◎◎○○○○
◯	◎◎○○○○○○
◓	
◯	◎○○○○○○○○○

◎ : 10개
○ : 1개

🔑 Step 1 빨간색, 노란색, 하늘색 구슬이 몇 개씩 있는지 각각의 개수를 구하고 세 가지 구슬 개수의 총합을 구하세요.

🔑 Step 2 무우와 친구들이 주워야 하는 초록색 구슬의 개수는 몇 개인지 구하고 빈칸에 알맞은 그림을 그려 넣어 그림 그래프를 완성하세요.

풀이

Step 1
● 개수 : $(10 × 3) + (1 × 4) = 34$개
○ 개수 : $(10 × 2) + (1 × 6) = 26$개
○ 개수 : $(10 × 1) + (1 × 8) = 18$개
따라서 세 가지 구슬 개수의 총합은 $34 + 26 + 18 = 78$개입니다.

Step 2
소녀가 가지고 있던 구슬의 개수는 100개였으므로 찾아야 하는 초록색 구슬의 개수는 $100 - 78 = 22$입니다.
22개에 맞게 아래와 같이 그림 그래프의 빈칸을 채워 넣습니다.

종류	구슬의 개수
●	◎◎◎○○○○
○	◎◎○○○○○○
◐	◎◎○○
○	◎○○○○○○○○

정답 : 풀이 과정 참조

확인하기 1

무우는 50개의 동전을 가지고 있습니다. 50원짜리 동전의 개수가 12개일 때, 빈칸에 알맞은 그림을 넣어 그림그래프를 완성하세요.

종류	구슬의 개수
500원	◎○○○○
100원	○○○○○○○○
50원	
10원	

◎ : 10개
○ : 1개

확인하기 2

무우네 학교 3학년 각 반 친구들의 인원수를 나타낸 표입니다. 표의 빈칸을 채우고 3반은 1반보다 몇 명이 더 많은지 구하세요.

반	1반	2반	3반	4반	합계
인원수	18명	23명		20명	83명

무우와 친구들은 소녀에게 받은 사탕을 공평하게 같은 개수로 나눕니다. 사탕의 맛에는 관계없이 같은 개수의 사탕으로 나눌 때, 네 명의 친구들은 각각 사탕을 몇 개씩 먹게 될까요?

종류	딸기맛	오렌지맛	사과맛	레몬맛
개수	18개	9개	23개	10개

🔑 Step 1 네 가지 맛 사탕은 모두 몇 개인지 총개수를 구하세요.

🔑 Step 2 사탕의 개수를 공평하게 나눈다면 한 명이 몇 개의 사탕을 먹는지 구하세요.

> **Step 1** 네 가지 맛 사탕의 총개수는 18 + 9 + 23 + 10 = 60개입니다.
>
> **Step 2** 60개의 사탕을 네 명이 공평하게 나누어 가지는 방법은 사탕의 총개수인 60을 무우와 친구들의 총인원수인 4로 나누어 평균을 구하면 됩니다.
> 따라서 60개의 사탕을 네 명이 공평하게 먹기 위해 한 명이 60 ÷ 4 = 15개의 사탕을 먹으면 됩니다.
>
> 정답 : 60개 / 15개

확인하기 1

무우는 지난 6개월 동안 용돈으로 한 달마다 각각 3만 원, 5만 원, 8만 원, 2만 원, 7만 원, 5만 원을 받았습니다. 무우가 지난 6개월간 받은 용돈의 평균은 얼마인지 구하세요.

확인하기 2

상상이는 이번 시험에서 수학 98점, 영어 89점, 국어 85점, 과학 100점을 받았습니다. 상상이의 이번 시험 평균 점수는 몇 점인지 구하세요.

확인하기 3

제이네 반 친구들은 불우이웃을 돕는 기부에 참여했습니다. 1,000원을 기부한 친구는 5명, 2,000원을 기부한 친구는 2명, 3,000원을 기부한 친구는 1명일 때, 제이네 반 친구들의 평균 기부액은 얼마인지 구하세요.

01 〈표〉를 참고해 육상부 친구들 5명의 100m 달리기 평균 기록은 몇 초인지 구하세요.

〈표〉

이름	A	B	C	D	E
점수	16초	13초	15초	17초	14초

〈육상부 친구들의 100m 달리기 기록〉

02 쌀 수확량을 나타낸 〈표〉를 참고해 그림 그래프를 완성하세요.

〈표〉

마을	A마을	B마을	C마을	D마을
수확량	150포대	120포대	240포대	180포대

마을	쌀 수확량
A마을	
B마을	
C마을	
D마을	

◎ : 100포대, ○ : 10포대

03 〈표〉를 참고해 무우네 반 친구들의 평균 점수를 구하세요.

〈표〉

점수	70점	80점	90점	100점
인원수	3명	2명	4명	1명

〈무우네 반 친구들의 수학 시험 점수〉

04 네 과수원의 사과 수확량을 그림그래프로 나타낸 것입니다. 네 과수원의 총 수확량은 600박스이고 B 과수원의 수확량은 160박스일 때, 빈칸을 모두 채워 그림그래프를 완성하세요.

🍎 : 100포대, 🍎 : 10포대

〈과수원별 사과 수확량〉

05 쪽지 시험 결과 무우는 10점, 상상이는 9점, 알알이는 7점을 받았습니다. 무우, 상상, 알알, 제이의 평균 점수가 8점일 때, 제이의 쪽지 시험 점수는 몇 점인지 구하세요.

06 무우, 상상, 제이가 가진 구슬의 개수를 그림 그래프로 나타낸 것입니다. 무우, 상상, 제이가 가진 구슬의 개수가 같아지려면 상상이는 무우와 제이에게 각각 몇 개씩의 구슬을 나누어 줘야 하는지 구하세요.

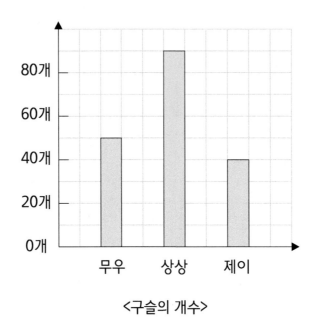

<구슬의 개수>

07 A조 체력 검사표의 일부인데 물이 쏟아져서 표 일부가 보이지 않습니다. A조의 평균 키는 150cm일 때, 민재의 키는 몇 cm인지 구하세요.

이름	무우	상상	알알	제이	민재
신장	157cm	143cm	156cm	150cm	

<A조 키 검사표>

08 무우네 학교 도서관에 있는 종류별 책의 수를 조사하여 나타낸 것입니다. 도서관에 있는 전체 책의 수는 500권이고 그 중 동화책의 수는 120권일 때, 빈칸을 모두 채워 그림그래프를 완성하세요.

종류	책의 수
동화책	
위인전	
만화책	
소설책	

: □ 권, : 10권

<학교 도서관에 있는 책의 수>

09 상상이가 그동안 저금한 동전과 지폐의 개수를 표로 나타낸 것입니다. 상상이가 그동안 저금한 돈을 하루에 천 원씩 사용한다면 총 며칠을 사용할 수 있을지 구하세요.

종류	천 원	오백원	백원	오십원
개수	15장	21개	12개	26개

<상상이가 저금한 동전과 지폐의 개수>

01 한 자동차 회사의 지점별 자동차 판매량을 그림 그래프로 나타낸 것입니다. 네 지점의 총판매량은 650대이고 B 지점의 판매량은 C 지점보다 50대가 더 많을 때, 빈칸을 모두 채워 그림 그래프를 완성하세요.

지점	판매량
A 지점	
B 지점	
C 지점	
D 지점	

: 100대,　 : 10대

<지점별 자동차 판매량>

02 아래는 무우네 반 친구들의 수행 평가 점수를 표로 나타낸 것입니다. 수행 평가 점수의 평균은 8점일 때, 10점을 받은 친구들은 몇 명일지 구하세요.

점수	6점	7점	8점	9점	10점
인원수	1명	4명	3명	2명	?

<수행 평가 점수별 인원수>

03 1월부터 5월까지 도서관 신규 회원 수를 그림 그래프로 나타낸 것입니다. 1월부터 5월까지 매달 일정한 인원수만큼 신규 회원 수가 감소할 때, 2월, 4월, 5월에 알맞은 그림 그래프를 그려 보고 1월부터 5월까지 신규 회원 수의 평균을 구하세요.

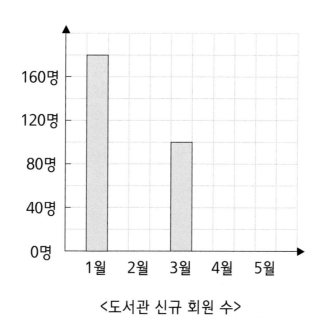

<도서관 신규 회원 수>

04 아래는 네 목장의 양털 생산량을 그림 그래프로 나타낸 것입니다. B 목장의 생산량은 A 목장의 두 배이며, C 목장의 생산량은 A 목장보다 30마리가 더 많습니다. A, B, C의 생산량을 평균 낸 값과 A, B, C, D의 생산량을 평균 낸 값이 같을 때, 빈칸을 모두 채워 그림 그래프를 완성하세요.

목장	수확량
A 목장	
B 목장	
C 목장	
D 목장	

: 100마리,   : 10마리

<목장별 양털 수확량>

01 무우네 학교 3학년 학생들이 속한 동아리별 남녀 인원수를 나타낸 표입니다. 조건에 알맞게 표의 빈칸을 모두 채워 표를 완성하세요.

<조건>

1. 한 명의 학생은 하나의 동아리에만 속해 있으며, 모든 동아리에는 남녀 학생이 각각 한 명 이상 속해 있습니다.

2. 영화 동아리의 학생 수는 과학 동아리의 두 배입니다.

3. 가장 많은 수의 남학생이 농구 동아리에 속해 있습니다.

	영화	농구	댄스	과학	합계
남학생 수	18명				47명
여학생 수				10명	
합계	32명		12명		80명

<동아리별 남녀 인원수>

02
창의융합문제

1등 선물 대신 2등 선물을 원했던 친구들은 가장 높은 무우의 점수 대신 70점으로 가장 낮은 상상이의 점수를 선택하여 원하는 선물을 받을 수 있었습니다. 무우, 알알, 제이의 평균 점수는 120점, 상상, 알알, 제이의 평균 점수는 100점일 때, 무우의 점수를 구하세요.

1등 선물
(120점 이상)

2등 선물
(100점 이상)

3등 선물
(100점 미만)

콜롬비아에서 다섯째 날 모든 문제 끝~!
친구들과 함께한 콜롬비아에서의 수학여행을 마친 소감은 어떤가요?

MEMO

영재들의 Math Travel
수학여행

무한상상

무한상상

창의 영 재 수 학

아이 앤 아이

정답 및 풀이

초급
초등 3~5학년

E 자료와 가능성
콜롬비아편

무한상상

아이@아이

창·의·력·수·학 / 과·학

영재학교·과학고	영재교육원·영재성검사	과학대회 준비
아이@아이 물리학 (상,하)	아이@아이 영재들의 수학여행 수학 32권 (5단계)	아이@아이 꾸러미 과학대회 초등 – 각종 대회, 과학 논술/서술
아이@아이 화학 (상,하)	아이@아이 꾸러미 48제 모의고사 수학 3권, 과학 3권	아이@아이 꾸러미 과학대회 중고등 – 각종 대회, 과학 논술/서술
아이@아이 생명과학 (상,하)	아이@아이 꾸러미 120제 수학 3권, 과학 3권	
아이@아이 지구과학 (상,하)	아이@아이 꾸러미 시리즈 (전4권) 수학, 과학 영재교육원 대비 종합서	
	아이@아이 초등과학 시리즈 (전4권) 과학 (초 3,4,5,6) – 창의적문제해결력	

무한상상

Imagine Infinite!

창의영재수학

아이앤아이

정답 및 풀이

초급
초등 3~5학년

E 자료와 가능성
콜롬비아편

1. 가짓수 구하기

표지문제 ·· P. 08

[정답] 125번

<풀이 과정>

① 비밀번호의 첫 번째 자리에는 1부터 5까지 5개의 숫자가 모두 올 수 있고, 두 번째 세 번째 자리에도 5개의 숫자가 모두 올 수 있습니다. 1부터 5까지 5개의 숫자를 이용해 만들 수 있는 세 자리 비밀번호는 모두 5 × 5 × 5 = 125 개입니다.

② 따라서 무우가 자물쇠를 열기 위해 125번을 시도해야 합니다. (정답)

대표문제1 확인하기 1 ·· P. 13

[정답] 24가지

<풀이 과정>

① 무우는 1교시에 국어, 영어, 수학, 과학 중 한 가지를 선택할 수 있습니다.

② 그 다음 무우는 1교시에 선택한 한 과목을 제외한 세 과목 중 한 가지를 선택할 수 있습니다. 3교시에는 1교시와 2교시에 선택한 두 과목을 제외한 두 과목 중 한 가지를, 마지막으로 4교시에는 남은 한 가지만을 선택할 수 있습니다.

③ 따라서 무우가 시간표를 짜는 방법의 경우의 수는 모두 4 × 3 × 2 × 1 = 24가지입니다. (정답)

대표문제1 확인하기 2 ·· P. 13

[정답] 9가지

<풀이 과정>

① 어떤 두 수의 곱이 홀수가 되려면 두 수가 모두 홀수이어야만 합니다. 두 개의 주사위를 던졌을 때 윗면에 모두 홀수가 나오는 경우의 가짓수를 구합니다.

② 주사위의 6개 면에는 1부터 6까지 연속하는 6개의 숫자가 적혀있으므로 이 중 홀수인 1, 3, 5가 나오는 경우를 찾습니다.

③ 두 개의 주사위가 한 개는 노란색 한 개는 연두색이라고 한다면 노란색 주사위의 윗면에 1이 나왔을 경우 연두색 주사위의 윗면엔 1, 3, 5 중 한 개가 나올 수 있습니다. 노란색 주사위의 윗면에 3 또는 5가 나온 경우도 구할 수 있습니다. 이를 나뭇가지 그림으로 나타내면 다음과 같습니다.

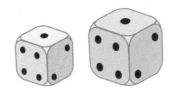

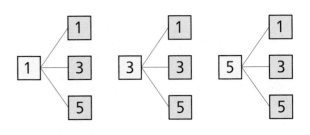

④ 따라서 두 눈의 곱이 홀수가 나오는 경우의 수는 모두 3 + 3 + 3 = 9가지입니다. (정답)

대표문제2 확인하기 1 ·· P. 15

[정답] 10가지

<풀이 과정>

① 뺄셈식은 큰 수에서 작은 수를 빼야 합니다. 1, 2, 3, 4, 5에서 어떤 수를 빼서 차가 5인 경우는 만들 수 없습니다.

② 6에서는 1을 빼면 5를 만들 수 있고, 7에서는 2를, 8에서는 3을 빼면 5를 만들 수 있습니다. 이와 같은 방식으로 9, 10, 11, 12, 13, 14, 15에서는 각각 4, 5, 6, 7, 8, 9, 10을 빼면 5를 만들 수 있습니다.

모두 뺄셈식으로 나타내면 다음과 같습니다.

(6 - 1), (7 - 2), (8 - 3), (9 -4), (10 - 5), (11 - 6), (12 - 7), (13 - 8), (14 - 9), (15 - 10)

③ 따라서 차가 5인 경우는 모두 10가지입니다. (정답)

대표문제2 확인하기 2 ·· P. 15

[정답] 6개

<풀이 과정>

① 주어진 숫자 카드에 적힌 두 수의 합이 6보다 클 때의 값을 모두 찾습니다. 두 수의 합이 가장 큰 경우는 5가 적힌 카드 두 장을 뽑은 5 + 5 = 10입니다. 두 수의 합이 6보다 클 때의 값은 7부터 최대 10까지 7, 8, 9, 10 총 네 가지가 가능합니다.

② 위에서 구한 네 가지 값에 따라 경우를 나누어 구합니다.

  ⅰ. 합이 7인 경우

    (2, 5), (3, 4) ➡ 2묶음

ii. 합이 8인 경우

(3, 5), (4, 4) ➡ 2묶음

iii. 합이 9인 경우

(4, 5) ➡ 1묶음

iv. 합이 10인 경우

(5, 5) ➡ 1묶음

③ 따라서 두 수의 합이 6보다 큰 서로 다른 묶음의 개수는 모두 6개입니다. (정답)

연습문제　**01**　⋯⋯⋯⋯⋯⋯⋯⋯⋯ P. 16

[정답] 12가지

〈풀이 과정 1〉

① 반장 후보로 나온 4명의 친구를 각각 A, B, C, D라고 합니다.

② 반장은 A, B, C, D 네 명 중 한 명이 뽑힐 수 있습니다. 그 다음, 부반장은 반장으로 뽑힌 친구를 제외한 세 명 중 한 명이 뽑힐 수 있습니다.

③ 따라서 반장과 부반장을 뽑는 경우의 수는 모두 4 × 3 = 12가지입니다.

〈풀이 과정 2〉

① 반장 후보로 나온 4명의 친구를 각각 A, B, C, D라고 합니다.

② 반장으로 A가 뽑힌다면 부반장으로는 B, C, D가 뽑힐 수 있습니다. 반장으로 B가 뽑히는 경우, C가 뽑히는 경우, D가 뽑히는 경우를 구할 수 있습니다. 나뭇가지 그림으로 나타내면 다음과 같습니다.

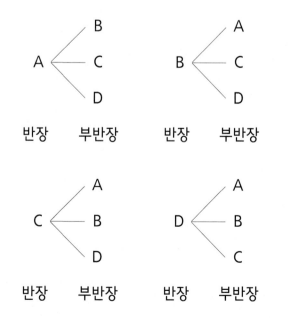

③ 따라서 반장과 부반장을 뽑는 경우의 수는 모두 3 × 4 = 12가지입니다. (정답)

연습문제　**02**　⋯⋯⋯⋯⋯⋯⋯⋯⋯ P. 16

[정답] 36개

〈풀이 과정〉

① 세 자리 자연수 중 홀수를 만들기 위해 일의 자리에 반드시 홀수인 카드를 놓아야 합니다. 일의 자리에는 1, 3, 7이 적힌 세 개의 숫자 카드만 올 수 있습니다.

② 일의 자리에 1이 오는 경우부터 가능한 경우의 수를 구합니다. 백의 자리에는 1을 제외한 3, 6, 7, 8 네 장의 숫자 카드가 올 수 있고, 십의 자리에는 1과 백의 자리에서 뽑힌 카드를 제외한 세 장의 숫자 카드가 올 수 있습니다. 일의 자리에 1이 오는 경우 만들 수 있는 세 자리 홀수의 개수는 4 × 3 = 12개입니다.

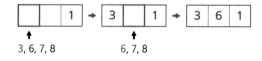

③ 일의 자리에 3이 오는 경우, 7이 오는 경우의 수도 마찬가지로 구할 수 있습니다. 따라서 만들 수 있는 세 자리 자연수 중 홀수의 개수는 모두 12 × 3 = 36개입니다. (정답)

연습문제　**03**　⋯⋯⋯⋯⋯⋯⋯⋯⋯ P. 16

[정답] 24가지

〈풀이 과정〉

① 맨 왼쪽 자리부터 차례대로 첫 번째, 두 번째, 세 번째, 네 번째 자리라고 합니다.

② 첫 번째 자리에는 무우, 상상, 알알, 제이가 모두 설 수 있습니다. 그 다음 두 번째 자리에는 첫 번째 자리에 선 친구를 제외한 세 명이 설 수 있습니다. 세 번째 자리에는 첫 번째와 두 번째 자리에 선 두 친구를 제외한 두 명 중 한 명이 설 수 있고, 마지막으로 네 번째 자리에는 남은 한 명의 친구가 설 수 있습니다.

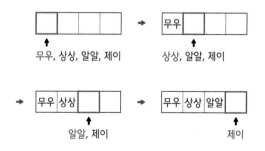

③ 따라서 네 명의 친구가 일렬로 서는 경우의 가짓수는 모두 4 × 3 × 2 × 1 = 24가지입니다. (정답)

[정답] 16가지

〈풀이 과정 1〉

① 빨간색과 노란색 중 한 가지 색을 중심으로 몇 개의 도형을 칠할지 경우를 나누어 구합니다.

② 빨간색을 기준으로 경우를 나누어 구합니다.

ⅰ. 빨간색을 도형에 칠하지 않는 경우 ➡ 1가지

ⅱ. 빨간색을 한 개 도형에 칠하는 경우 ➡ 4가지

ⅲ. 빨간색을 두 개 도형에 칠하는 경우 ➡ 6가지

ⅳ. 빨간색을 세 개 도형에 칠하는 경우 ➡ 4가지

ⅴ. 빨간색을 네 개 도형에 모두 칠하는 경우 ➡ 1가지

③ 따라서 네 개의 도형을 칠하는 방법은 모두 1 + 4 + 6 + 4 + 1 = 16가지입니다. (정답)

〈풀이 과정 2〉

① 각 도형은 빨간색 아니면 노란색으로 칠할 수 있습니다.
➡ 경우의 수 각 2가지

② 따라서 도형이 4개이므로 각 칸의 도형을 빨간색이나 노란색으로 칠할 수 있는 경우의 수는
2 × 2 × 2 × 2 = 16가지입니다. (정답)

[정답] 12가지

〈풀이 과정〉

① 무우와 상상이 중 한 명이 가진 구슬을 중심으로 경우를 나누어 구합니다.

② 무우를 중심으로 경우를 나누어 구합니다.

ⅰ. 3이 적힌 구슬과 상상이가 가진 구슬의 차

➡ 1, 5, 11, 13

3 - 2 = 1,   4 - 3 = 1,   8 - 3 = 5,

14 - 3 = 11,   16 - 3 = 13

ⅱ. 5가 적힌 구슬과 상상이가 가진 구슬의 차

➡ 1, 3, 9, 11

5 - 2 = 3,   5 - 4 = 1,   8 - 5 = 3,

14 - 5 = 9,   16 - 5 = 11

ⅲ. 7이 적힌 구슬과 상상이가 가진 구슬의 차

➡ 1, 3, 5, 7, 9

7 - 2 = 5,   7 - 4 = 3,   8 - 7 = 1,

14 - 7 = 7,   16 - 7 = 9

ⅳ. 10이 적힌 구슬과 상상이가 가진 구슬의 차

➡ 2, 4, 6, 8

10 - 2 = 8,   10 - 4 = 6,   10 - 8 = 2,

14 - 10 = 4,   16 - 10 = 6

ⅴ. 12가 적힌 구슬과 상상이가 가진 구슬의 차

➡ 2, 4, 8, 10

12 - 2 = 10,   12 - 4 = 8,   12 - 8 = 4,

14 - 12 = 2,   16 - 12 = 4

③ 따라서 두 구슬의 차로 가능한 값은 1, 2, 3, 4, 5, 6, 7, 8, 9, 10, 11, 13으로 총 12가지입니다. (정답)

[정답] 10가지

〈풀이 과정 1〉

① 대표 후보인 5명의 친구를 각각 A, B, C, D, E라고 합니다.

② 첫 번째 대표는 A, B, C, D, E 중 한 명이 뽑힐 수 있습니다. 그 다음 두 번째 대표는 뽑힌 친구를 제외한 네 명 중 한 명이 뽑힐 수 있습니다.

③ 하지만 답은 5 × 4 = 20가지가 아닙니다. 첫 번째로 A가 뽑히고 두 번째로 B가 뽑힌 경우와 첫 번째로 B가 뽑히고 두 번째로 A가 뽑힌 경우는 같은 경우입니다. 똑같은 두 명의 친구가 뽑히는 순서만 다른 경우도 2명을 뽑는 경우의 수에 모두 포함되므로 2로 나누어야 합니다.

④ 따라서 다섯 명 중 대표 두 명을 뽑는 경우의 수는 모두
   5 × 4 ÷ 2 = 10가지입니다.

<풀이 과정 2>
① 대표 후보인 5명의 친구를 각각 A, B, C, D, E라고 합니다.
② A가 반드시 대표로 뽑히는 경우의 수를 구합니다.

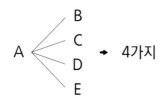

(A, B) (A, C) (A, D) (A, E)

③ 그 다음, A가 대표로 뽑히는 경우의 수는 ②에서 모두 구
   했으므로 A를 제외하고 남은 4명의 친구 중 B가 반드시
   대표로 뽑히는 경우의 수를 구합니다.

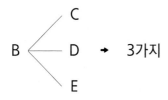

(B, C) (B, D) (B, E)

④ A와 B를 제외하고 C가 반드시 대표로 뽑히는 경우의 수,
   A와 B와 C를 제외하고 D와 E가 반드시 대표로 뽑히는 경
   우의 수를 구합니다.

C < D / E → 2가지

(C, D) (C, E)

D —— E → 1가지

(D, E)

⑤ 따라서 대표 두 명을 뽑는 경우의 수는 모두 4 + 3 + 2
   + 1 = 10가지입니다. (정답)

연습문제 07 ·············· P. 18

[정답] 18가지

<풀이 과정>
① 티, 바지, 재킷을 입는 경우와 원피스와 재킷을 입는 경우
   로 나누어 구합니다.
② ⅰ. 티, 바지, 재킷을 입는 경우 → 16가지
      티셔츠 네 장, 바지 두 장, 재킷 두 장 중 각 한 장씩을
      입을 수 있으므로 4 × 2 × 2 = 16가지 조합이 가능
      합니다.
   ⅱ. 원피스와 재킷을 입는 경우 → 2가지
      원피스 한 장을 입고 재킷 두 장 중 한 장을 입을 수 있
      으므로 2 × 1 = 2가지 조합이 가능합니다.
③ 따라서 상상이가 입을 수 있는 옷의 조합은 모두 16 + 2
   = 18가지입니다. (정답)

연습문제 08 ·············· P. 18

[정답] 26가지

<풀이 과정>
① 왼쪽에 있는 전구부터 A, B, C라고 합니다.

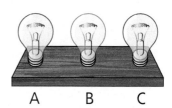

A   B   C

② A 전구는 빨간색, 노란색, 불을 끄는 세 개의 신호 중 하나
   로 나타낼 수 있습니다. B와 C 전구를 빨간색, 노란색, 불
   을 끄는 세 개의 신호 중 하나로 나타낼 수 있습니다.
③ 따라서 만들 수 있는 신호는 3 × 3 × 3 = 27가지 중 불
   이 모두 꺼진 한 가지 경우를 제외한 27 - 1 = 26가지입
   니다. (정답)

연습문제　09　·· P. 19

[정답] 12가지

<풀이 과정>

① 두 수의 차가 짝수인 경우는 두 수가 모두 짝수이거나 두 수가 모두 홀수인 경우입니다. 짝수인 8, 10, 14, 16 중 두 장을 뽑거나 홀수인 5, 7, 9, 13 중 두 장을 뽑는 두 가지 경우로 나누어 구합니다.

② ⅰ. 두 수가 모두 짝수인 경우 ➡ 6가지

　(8, 10), (8, 14), (8, 16), (10, 14), (10, 16), (14, 16)

　ⅱ. 두 수가 모두 홀수인 경우 ➡ 6가지

　(5, 7), (5, 9), (5, 13), (7, 9), (7, 13), (9, 13)

③ 따라서 차가 짝수인 경우는 모두 6 + 6 = 12가지입니다. (정답)

연습문제　10　·· P. 19

[정답] 12가지

<풀이 과정>

① A 영역부터 순서대로 색칠할 수 있는 색의 가짓수를 생각합니다.

② 첫 번째로 A 영역은 빨간색, 노란색, 파란색 세 가지 색을 모두 칠할 수 있습니다.

그 다음 B 영역은 A 영역과 인접하므로 A 영역에 칠한 한 가지 색을 제외한 두 가지 색을 칠할 수 있습니다. C 영역은 B 영역과 인접하므로 B 영역에 칠한 한 가지 색을 제외한 두 가지 색을 칠할 수 있습니다.

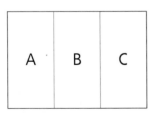

3가지　2가지　2가지

③ 따라서 도형을 색칠하는 방법은 모두 3 × 2 × 2 = 12가지입니다. (정답)

심화문제　01　·· P. 20

[정답] 24가지

<풀이 과정>

① 세 개의 자음과 두 개의 모음으로는 받침이 있는 한 글자와 받침이 없는 한 글자, 총 두 글자를 만들 수 있습니다. 받침이 있는 글자가 앞에 오는 경우와 받침이 없는 글자가 앞에 오는 경우로 나누어 구합니다.

같은 두 글자가 앞뒤로 바뀌어도 서로 다른 경우입니다.

② 그림과 같이 각 글자의 자음 위치를 A, B, C 모음 위치를 a, b라고 합니다.

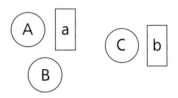

ⅰ. 받침이 있는 글자가 앞에 오는 경우

받침이 있는 글자의 경우 A 자리에 세 개의 자음이 모두 올 수 있고, B 자리에는 A 자리에 온 자음 하나를 제외한 두 개의 자음이 올 수 있습니다. 그 다음 a 자리에는 두 개의 모음이 모두 올 수 있습니다. 이렇게 받침이 있는 글자를 결정지으면 받침이 없는 글자에는 남는 한 개의 자음과 한 개의 모음이 오게 됩니다.

이 경우 만들 수 있는 두 글자의 가짓수는 3 × 2 × 2 = 12가지입니다.

ⅱ. 받침이 없는 글자가 앞에 오는 경우

받침이 있는 글자가 앞에 오는 경우를 구한 뒤 앞, 뒤 자리만 바꾸면 되므로 똑같이 12가지 글자를 만들 수 있습니다.

③ 따라서 만들 수 있는 두 글자는 모두 12 × 2 = 24가지입니다. (정답)

심화문제　02　·· P. 21

[정답] 53번째

<풀이 과정>

① 다섯 장의 카드를 이용해 만들 수 있는 세 자리 자연수는 백의 자리에 어떤 숫자가 오는지에 따라 총 다섯 가지 경우로 나눌 수 있습니다.

② 백의 자리에 1, 2, 3, 4가 오는 경우 만들 수 있는 세 자리 자연수의 개수를 구합니다

ⅰ. 백의 자리에 1이 오는 경우

십의 자리에는 1을 제외한 4장의 카드가 올 수 있고, 일의 자리에는 1과 십의 자리에 선택된 한 장의 카드를 제외한 3장의 카드가 올 수 있습니다. 만들 수 있는 세 자리 자연수는 4 × 3 = 12개입니다.

ⅱ. 백의 자리에 2, 3, 4가 오는 경우

　백의 자리에 1이 오는 경우와 같이 각각 12개의 세 자리 자연수를 만들 수 있습니다.

③ 만들 수 있는 500이하의 세 자리 자연수는 12 × 4 = 48개입니다.

④ 백의 자리가 5이면서 십의 자리가 1인 경우의 개수를 구하고, 백의 자리가 5이면서 십의 자리가 2인 경우 523은 몇 번째 수인지 구합니다.

　ⅰ. 백의 자리가 5이면서 십의 자리가 1인 경우

　　백의 자리는 5, 십의 자리는 1이므로 일의 자리에는 2, 3, 4의 숫자 카드가 올 수 있습니다. 이 경우 만들 수 있는 세 자리 자연수의 개수는 3개입니다.

　ⅱ. 백의 자리가 5이면서 십의 자리가 2인 경우

　　백의 자리는 5, 십의 자리는 2이므로 일의 자리에는 1, 3, 4의 숫자 카드가 올 수 있습니다. 이 경우 523은 두 번째로 나열되는 수입니다.

⑤ 만들 수 있는 523보다 작은 세 자리 자연수는 48 + 3 + 1 = 52개입니다.

⑥ 따라서 523은 53번째로 나열되는 수입니다. (정답)

심화문제 **03** ···································· P. 22

[정답] 7가지

〈풀이 과정〉

① 한 바구니에 두 종류의 과일이 모두 담겨야 하므로 4개가 남은 사과를 나누어 담는 방법을 생각합니다. 세 개의 바구니에 네 개의 사과를 나누어 담는 방법은 두 개, 한 개, 한 개로 나누는 방법 한 가지입니다.

② 세 개의 바구니에 두 개, 한 개, 한 개로 나눈 사과를 담아 놓고 12개의 오렌지를 나눠 담아 줍니다. 표로 나타내면 아래와 같습니다.

경우의 수	사과 2개 담은 바구니	사과 1개 담은 바구니	사과 1개 담은 바구니
1	+ 오렌지 2개	+ 오렌지 5개	+ 오렌지 5개
2	+ 오렌지 2개	+ 오렌지 4개	+ 오렌지 6개
3	+ 오렌지 3개	+ 오렌지 4개	+ 오렌지 5개
4	+ 오렌지 3개	+ 오렌지 3개	+ 오렌지 6개
5	+ 오렌지 4개	+ 오렌지 4개	+ 오렌지 4개
6	+ 오렌지 4개	+ 오렌지 3개	+ 오렌지 5개
7	+ 오렌지 5개	+ 오렌지 4개	+ 오렌지 3개

③ 따라서 세 개의 바구니에 과일을 나눠 담는 방법은 모두 7가지입니다. (정답)

심화문제 **04** ···································· P. 23

[정답] 24개

〈풀이 과정〉

① 첫 번째 조건에서 연속하는 수가 적힌 카드는 붙여서 사용할 수 없으므로 5와 6은 붙여서 사용할 수 없습니다.

　두 번째 조건에서 세 자리 짝수이므로 일의 자리에는 반드시 짝수인 0, 6, 8이 적힌 숫자 카드만이 올 수 있습니다.

② 일의 자리에 어떤 숫자가 오는지에 따라 경우를 나누어 구합니다.

　ⅰ. 일의 자리에 0이 오는 경우 ➡ 10개

　　백의 자리에는 0을 제외한 네 장의 카드가 올 수 있고, 십의 자리에는 0과 백의 자리에 선택된 두 장의 카드를 제외한 세 장의 카드가 올 수 있습니다. 하지만 5와 6은 붙여서 사용할 수 없으므로 560과 650 두 가지 경우를 제외해야 합니다. 이 경우 만들 수 있는 세 자리 자연수는 (4 × 3) - 2 = 10개입니다.

　ⅱ. 일의 자리에 6이 오는 경우 ➡ 7개

　　백의 자리에는 0이 올 수 없으므로 0과 6을 제외한 세 장의 카드가 올 수 있고, 십의 자리에는 6과 백의 자리에 선택된 두 장의 카드를 제외한 세 장의 카드가 올 수 있습니다. 하지만 5와 6은 붙여서 사용할 수 없으므로 356과 856 두 가지 경우를 제외해야 합니다. 이 경우 만들 수 있는 세 자리 자연수는 (3 × 3) - 2 = 7개입니다.

　ⅲ. 일의 자리에 8이 오는 경우 ➡ 7개

　　백의 자리에는 0이 올 수 없으므로 0과 8을 제외한 세 장의 카드가 올 수 있고, 십의 자리에는 8과 백의 자리에 선택된 두 장의 카드를 제외한 세 장의 카드가 올 수 있습니다. 하지만 5와 6은 붙여서 사용할 수 없으므로 568과 658 두 가지 경우를 제외해야 합니다. 이 경우 만들 수 있는 세 자리 자연수는 (3 × 3) - 2 = 7개입니다.

③ 따라서 조건에 맞는 세 자리 자연수는 모두 10 + 7 + 7 = 24개입니다. (정답)

[정답] 108가지

〈풀이 과정〉

① 이론 과목 중 두 과목, 예체능 과목 중 한 과목을 선택하는 방법의 가짓수를 구합니다.

② ⅰ. 이론 과목 중 두 과목을 선택하는 방법의 가짓수 :
첫 번째 과목은 국어, 영어, 수학, 과학 네 과목 중 하나를 선택할 수 있습니다. 그 다음 두 번째 과목은 선택한 과목을 제외한 세 과목 중 하나를 선택할 수 있습니다. 하지만 가짓수는 4 × 3 = 12가지가 아닙니다.
첫 번째로 국어, 두 번째로 영어를 선택하는 경우와 첫 번째로 영어, 두 번째로 국어를 선택하는 경우는 같은 경우입니다. 두 개의 과목이 뽑히는 순서만 다른 경우도 모두 포함되므로 2로 나누어 줘야 합니다.
따라서 이론 과목 중 두 과목을 선택하는 방법의 가짓수는 4 × 3 ÷ 2 = 6가지입니다.

ⅱ. 예체능 과목 중 한 과목을 선택하는 방법의 가짓수 :
예체능 과목 중 한 과목을 선택하는 방법의 가짓수는 체육, 음악, 미술 세 과목 중 하나를 선택하는 세 가지입니다.

따라서 이론 과목 중 두 과목, 예체능 과목 중 한 과목을 선택하는 방법의 가짓수는 6 × 3 = 18가지입니다.

③ 그 다음으로는 위에서 선택된 세 개의 과목을 1교시, 2교시, 3교시에 배치해야 합니다.
세 개의 과목을 세 개의 교시에 배치하는 방법은 다음과 같습니다.
예를 들어, A, B, C 세 개의 과목을 1, 2, 3교시에 배치한다면 첫 번째로 1교시에는 A, B, C 세 과목을 모두 배치할 수 있습니다. 그 다음 2교시에는 1교시에 배치된 한 개의 과목을 제외한 두 과목을, 3교시에는 남은 한 과목을 배치할 수 있습니다. 세 개의 과목을 세 교시에 배치하는 방법은 3 × 2 = 6가지입니다.

④ ②번에서 구한 세 가지 과목을 선택하는 방법은 모두 18가지입니다. 이 18가지 경우 중 매 경우마다 ③번에서 구한 것과 같이 세 개의 과목을 세 개의 교시에 배치하는 방법이 있을 수 있습니다. 따라서 무우가 시간표를 짜는 방법은 모두 18 × 6 = 108가지입니다. (정답)

[정답] 102가지

〈풀이 과정〉

① 바닥에 깔린 타일의 개수는 흰색 타일 8개, 회색 타일 8개로 총 16개입니다.
이 중 회색 타일 한 개에 돌이 한 개 놓여 있으므로 돌이 놓여 있지 않은 타일은 흰색 타일 8개, 회색 타일 7개입니다.

② ⬡ 돌을 A, ⬡ 돌을 B라고 하고 A 돌이 흰색, B 돌이 회색 타일 위에 올려지는 경우와 A 돌이 회색, B 돌이 흰색 타일 위에 올려지는 두 가지 경우로 나누어 구합니다.

ⅰ. A 돌이 흰색, B 돌이 회색 타일 위에 올려지는 경우
A 돌은 돌이 놓여 있지 않은 8개의 흰색 타일 중 한 개 위에 놓을 수 있습니다. 그 다음 B 돌은 돌이 놓여 있지 않은 7개의 회색 타일 중 한 개 위에 놓을 수 있습니다.
경우의 수는 8 × 7 = 56가지입니다.

ⅱ. A 돌이 회색, B 돌이 흰색 타일 위에 올려지는 경우
A 돌은 돌이 놓여 있지 않은 7개의 회색 타일 중 한 개 위에 놓을 수 있습니다. 그 다음 B 돌은 돌이 놓여 있지 않은 8개의 흰색 타일 중 한 개 위에 놓을 수 있습니다.
경우의 수는 7 × 8 = 56가지입니다.

③ 따라서 나머지 두 개의 돌을 흰색, 회색 타일에 각 한 개씩 올려놓는 방법의 가짓수는 모두 56 + 56 = 102가지입니다. (정답)

2. 리그와 토너먼트

[정답] 15번

〈풀이 과정〉

① 6명의 사람은 모두 자신을 제외한 5명의 사람과 악수를 한 번씩 하게 됩니다.
6명이 번갈아 가며 한 번씩 악수하면 총 6 × 5 = 30번의 악수를 하는 것이 아닙니다.

② 예를 들어, 6명 중 두 명을 A, B라고 할 때, A가 악수하는 5번의 횟수에는 B와 악수하는 1회가 포함되어 있습니다. B가 악수하는 5번의 횟수에도 A와 악수하는 1회가 포함되어 있습니다. 악수가 이뤄지는 것은 한 번이지만 A와 B에게 각각 한 번씩 총 두 번이 세어지므로 나누기 2를 해야 합니다.

③ 따라서 6명의 사람은 총 30 ÷ 2 = 15번 악수하게 됩니다. (정답)

[정답] 풀이 과정 참조

〈풀이 과정〉

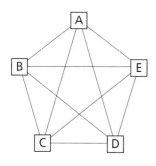

다음과 같이 10개의 선분으로 연결할 수 있습니다. 선분의 개수는 악수하는 횟수와 같으므로 다섯 명의 사람은 총 10번을 악수하게 됩니다. (정답)

[정답] 45번

〈풀이 과정〉

① 리그 방식으로 경기를 진행할 때 총 몇 번의 경기를 해야 하는지 구하는 공식은
[(팀의 수) × (팀의 수 – 1)] ÷ 2입니다.

② 10명이 경기에 참가하므로
= [10 × (10 – 1)] ÷ 2 = [10 × 9] ÷ 2 = 45

③ 따라서 리그 방식으로 경기를 진행할 때는 총 45번의 경기를 해야 합니다. (정답)

[정답] 12명

〈풀이 과정〉

① 토너먼트 방식으로 경기를 진행할 때 (경기 횟수) = (팀의 수) – 1이므로
(팀의 수) = (경기 횟수) + 1입니다.

② 문제에서 총 11번의 경기가 진행했으므로 팀의 수는 11 + 1 = 12입니다.
식에서 팀의 수가 의미하는 것은 경기를 치른 육상부 학생들의 수입니다.

③ 따라서 육상부 학생들은 총 12명입니다. (정답)

[정답] 66개

〈풀이 과정〉

① 12명의 친구는 모두 자기 자신을 제외한 11명의 친구와 한 번씩 게임을 하게 됩니다.
12명의 친구가 번갈아 가며 한 번씩 게임을 하면 총 12 × 11 = 132번의 게임을 하는 것이 아닙니다.

② 예를 들어, 12명 중 두 명을 A, B라고 할 때, A가 게임을 하는 11번의 횟수에는 B와 게임을 하는 1회가 포함되어 있습니다. B가 게임을 하는 11번의 횟수에도 A와 게임을 하는 1회가 포함되어 있습니다. 게임이 이뤄지는 것은 한 번이지만 A와 B에게 각각 한 번씩 총 두 번이 세어지므로 나누기 2를 해야 합니다.

③ 따라서 12명의 친구는 총 132 ÷ 2 = 66번의 게임을 하게 되므로 필요한 풍선의 개수는 66개입니다. (정답)

[정답] 리그 방식 : 190번, 토너먼트 방식 : 19번

〈풀이 과정〉

리그 방식

① 리그 방식으로 경기를 진행할 때 총 몇 번의 경기를 해야 하는지 구하는 공식은
[(팀의 수) × (팀의 수 – 1)] ÷ 2입니다.

② 20명이 경기에 참가하므로
[20 × (20 – 1)] ÷ 2 = [20 × 19] ÷ 2 = 190

③ 따라서 리그 방식으로 경기를 진행할 때는 총 190번의 경기를 해야 합니다. (정답)

토너먼트 방식

① 토너먼트 방식으로 경기를 진행할 때 총 몇 번의 경기를 해야 하는지 구하는 공식은
(팀의 수) – 1입니다.

② 20명이 경기에 참가하므로
20 – 1 = 19

③ 따라서 토너먼트 방식으로 경기를 진행할 때는 총 19번의 경기를 해야 합니다. (정답)

연습문제 **03** ·················· P. 34

[정답] 17번

〈풀이 과정〉

① 리그 방식으로 경기를 진행할 때 총 몇 번의 경기를 해야 하는지 구하는 공식은
[(팀의 수) × (팀의 수 – 1)] ÷ 2입니다.

② 작년에는 8팀이 참가했으므로
[8 × (8 – 1)] ÷ 2 = [8 × 7] ÷ 2 = 28
따라서 작년에는 총 28번의 경기를 했습니다.

③ 올해에는 10팀이 참가하므로
[10 × (10 – 1)] ÷ 2 = [10 × 9] ÷ 2 = 45
따라서 올해에는 총 45번의 경기를 했습니다.

④ 작년에는 28번, 올해에는 45번의 경기가 치렀으므로 올해에는 작년보다 45 – 28 = 17번의 경기를 더 했습니다. (정답)

연습문제 **04** ·················· P. 35

[정답] 9개

〈풀이 과정 1〉

① 점 A를 기준으로 만들 수 있는 선분을 모두 그립니다. 점 A는 이미 점 B, F와는 이어져 있으므로 남은 점 C, D, E와 세 개의 선분을 만들 수 있습니다.

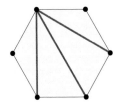 

 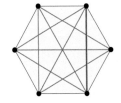

② 점 B는 점 F, E, D와 세 개의 선분을 만들 수 있고 점 C는 점 F, E와 두 개의 선분, 마지막으로 점 D는 점 F와 한 개의 선분을 만들 수 있습니다.

③ 따라서 두 개의 점을 이어 만들 수 있는 선분의 개수는 3 + 3 + 2 + 1 = 9개입니다. (정답)

〈풀이 과정 2〉

① 여섯 개의 점을 여섯 명의 사람, 두 개의 점을 이어 만든 선분을 악수의 횟수라고 생각하고 풀이할 수도 있습니다.

② 여섯 명의 사람이 모두 번갈아 가며 한 번씩 악수한다면 총 6 × 5 ÷ 2 = 15번의 악수하게 됩니다. 이미 그려져 있는 6개의 선분 (6회의 악수)는 제외했으므로 6을 빼면 15 – 6 = 9개의 선분을 그릴 수 있습니다. (정답)

연습문제 **05** ·················· P. 35

[정답] 6팀, 5번

〈풀이 과정〉

① 리그 방식으로 경기를 진행할 때 총 몇 번의 경기를 해야 하는지 구하는 공식은
[(팀의 수) × (팀의 수 – 1)] ÷ 2입니다.

② 총 15번의 경기를 치렀으므로
[(팀의 수) × (팀의 수 – 1)] ÷ 2 = 15이며 나누기 2를 하기 전의 값은
[(팀의 수) × (팀의 수 – 1)] = 30입니다.
두 수의 차가 1이면서 곱이 30인 경우는 5와 6입니다.
6에서 1을 뺀 값은 5가 되므로 팀의 수는 6입니다. (정답)

③ 그 다음 토너먼트 방식으로 경기가 치러지는 경우 총 몇 번의 경기를 해야 하는지 구합니다.
토너먼트 방식으로 경기를 진행할 때 총 몇 번의 경기를 해야 하는지 구하는 공식은
(팀의 수) – 1입니다.

④ 6개 팀이 대회에 참가하므로
6 – 1 = 5

⑤ 따라서 토너먼트 방식으로 경기가 치러진다면 총 5번의 경기를 해야 합니다. (정답)

[정답] 60번

〈풀이 과정 1〉

① 6쌍의 부부가 모임에 참여했으므로 모임에 참여한 사람은 총 12명입니다.

② 12명의 사람이 번갈아 가며 한 번씩 악수한다면 총 12 × 11 ÷ 2 = 66번의 악수하게 됩니다. 그러나 자기 남편 또는 부인과는 악수하지 않으므로 6번의 횟수를 뺍니다.

③ 따라서 6쌍의 부부는 총 66 – 6 = 60번의 악수를 하게 됩니다. (정답)

〈풀이 과정 2〉

① 6쌍의 부부가 모임에 참여했으므로 모임에 참여한 사람은 총 12명입니다.

② 12명의 사람이 모두 자기 자신과 자기 남편 또는 부인을 제외한 10명의 사람과 악수를 한 번씩 하게 됩니다. 12명의 사람이 하게 되는 악수의 횟수를 모두 합하면 12 × 10 = 120입니다.

③ 그러나 악수는 두 명이 함께 한 번만 하는 것이므로 나누기 2를 해야 합니다.

④ 따라서 12명의 사람은 총 120 ÷ 2 = 60번의 악수를 하게 됩니다. (정답)

[정답] 9팀

〈풀이 과정〉

① 남학생 대회의 경우 몇 번의 경기가 진행되었을지 구합니다. 37개의 팀이 토너먼트 방식으로 경기한다면 총 37 – 1 = 36번의 경기를 하게 됩니다.

② 그 다음 대회에 참가한 여학생 팀의 수를 구합니다. 여학생 대회의 경우 리그 방식으로 진행되었으며 남학생 대회와 경기 횟수가 같으므로 리그 방식으로 36번의 경기가 치러졌습니다.

③ 총 36번의 경기가 치렀으므로
[(팀의 수) × (팀의 수 – 1)] ÷ 2 = 36이며 나누기 2를 하기 전의 값은
[(팀의 수) × (팀의 수 – 1)] = 72입니다.
두 수의 차가 1이면서 곱이 72인 경우는 8과 9입니다.
9에서 1을 뺀 값은 8이므로 팀의 수는 9입니다.

④ 따라서 대회에 참가한 여학생 팀의 수는 9팀입니다. (정답)

[정답] 103분

〈풀이 과정〉

① 몇 번의 경기가 치러질지부터 구합니다.
경기는 토너먼트 방식으로 진행되며 16명의 선수가 참가하므로 경기는 총 16 – 1 = 15번 치러집니다.

② 경기 소요 시간은 5분이므로 준비 시간을 제외한 경기를 하는 데 걸리는 시간은 5 × 15 = 75분입니다.
경기가 총 15번 치러지므로 경기 사이 준비 시간은 14번입니다.

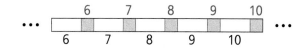

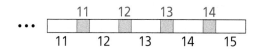

경기 사이 준비를 하는 데 걸리는 시간은 2 × 14 = 28분입니다.

③ 따라서 16명의 선수가 모두 경기를 치를 때까지 총 걸리는 시간은 75 + 28 = 103분입니다. (정답)

[정답] 2번

〈풀이 과정〉

① 그림을 이용해 현재까지 A, B, C, D가 악수한 횟수를 나타냅니다.
각 점은 A, B, C, D를 나타내고, 두 점을 이은 선분은 악수 1회를 나타냅니다.
A가 악수를 3번, B가 2번, C가 1번 하게 되는 경우는 한 가지 경우밖에 없으며 그림으로 나타내면 다음과 같습니다.

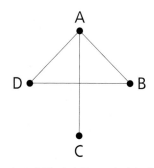

② 따라서 D는 A와 B 각 한 번씩 총 두 번 악수했습니다. (정답)

연습문제 **10** ⋯⋯⋯⋯⋯⋯⋯ P. 37

[정답] 풀이 과정 참조

〈풀이 과정〉

① 1번 조건에 의해 선수는 A, B, C, D 네 명입니다.

② 2번과 3번 조건에서 A는 D를 이겼고, C에게 졌습니다. A는 두 번의 경기에 참여했으며 1차전에서 D와 붙어서 승리, 2차전에서 C와 붙어서 졌습니다.
우승자는 2차전에서 A에게 승리한 C이며, 자동적으로 B는 1차전에서 C와 붙어서 졌습니다.

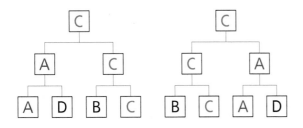

토너먼트 그림은 위와 같이 두 가지 방식으로 완성할 수 있습니다.

심화문제 **01** ⋯⋯⋯⋯⋯⋯⋯ P. 38

[정답] 64번

〈풀이 과정〉

① 1번 조건에서 32개 팀이 한 조에 네 팀씩 8개 조로 나뉘어 리그 방식으로 경기했으므로 한 조 내에서는 몇 번의 경기가 치러지는지 구합니다.
한 조 내에서 4개의 팀이 리그 방식으로 경기를 치르게 되므로
$[4 \times (4 - 1)] \div 2 = [4 \times 3] \div 2 = 6$
한 조 내에서는 총 6번의 경기를 합니다.
한 조에 네 팀씩 총 8개의 조가 있으므로 본선 진출을 위한 경기는 모두 $6 \times 8 = 48$번이 치러지게 됩니다.

② 2번과 3번 조건에 의해 본선에 진출한 16개의 팀은 두 팀씩 나뉘어 토너먼트 방식으로 경기하게 됩니다. 16개의 팀이 토너먼트 방식으로 경기한다면 총 $16 - 1 = 15$번의 경기를 치르게 됩니다.

③ 4번 조건에 의해 추가로 3, 4위 결정전 경기가 한 번 치러집니다.

④ 따라서 탁구 대회는 총 $48 + 15 + 1 = 64$번의 경기가 치러집니다. (정답)

심화문제 **02** ⋯⋯⋯⋯⋯⋯⋯ P. 39

[정답] 1번

〈풀이 과정〉

① 무우의 짝꿍인 친구는 A, 나머지 두 명의 친구는 B, b라고 합니다.

② 무우를 제외한 세 명의 친구가 악수한 횟수가 모두 다르므로, 가장 악수를 많이 한 친구는 몇 번을 했을지 생각합니다. 가장 악수를 많이 한 친구는 자신과 자신의 짝꿍을 제외한 나머지 두 명과 모두 악수를 한 친구입니다. 가장 악수를 많이 한 친구가 A일 때와 B(b) 일 때 두 가지 경우로 나누어 생각합니다.

③ ⅰ. 악수를 가장 많이 한 친구가 A일 경우

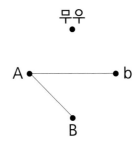

이 경우 A는 짝꿍인 무우를 제외한 B, b와 모두 한 번씩 악수하게 됩니다. 그러면 자동적으로 B와 b는 한 번 이상 악수하게 되고, 어떤 경우든 세 명 중 두 명의 악수한 횟수가 같아지게 되므로 이 경우는 맞지 않습니다.

ⅱ. 악수를 가장 많이 한 친구가 B일 경우 (b일 경우도 같은 방식으로 생각할 수 있습니다.)

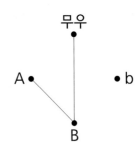

이 경우 B는 짝꿍인 b를 제외한 무우, A와 모두 한 번씩 악수하게 됩니다. 이 경우 A는 B와 한 번, B는 무우, A와 두 번, b는 0번으로 세 명의 악수한 횟수가 모두 다르게 됩니다.

④ 따라서 무우는 B(또는 b)와 한 번 악수했습니다. (정답)

[정답] 빨간색 : 36개,   파란색 : 78개,   노란색 : 117개

〈풀이 과정〉

① 필요한 풍선의 개수를 색깔별로 나누어 구합니다.

② ⅰ. 필요한 빨간색 풍선의 개수
  9명의 여학생은 모두 자기 자신을 제외한 8명의 친구와 한 번씩 풍선을 터뜨리게 됩니다.
  9명의 친구는 총 9 × 8 = 72번 풍선을 터뜨리게 됩니다. 풍선 터뜨리기는 두 명이 짝을 지어 한 개의 풍선을 터뜨리는 것이므로 필요한 풍선의 개수를 구하기 위해 나누기 2를 해야 합니다. 필요한 빨간색 풍선의 개수는 72 ÷ 2 = 36개입니다.

  ⅱ. 필요한 파란색 풍선의 개수
  빨간색 풍선의 개수와 같은 방식으로 구할 수 있습니다. 필요한 파란색 풍선의 개수는 13 × 12 ÷ 2 = 78개입니다.

  ⅲ. 필요한 노란색 풍선의 개수
  여학생을 기준으로 필요한 풍선의 개수를 구합니다. 9명의 여학생은 한 명당 13명의 남학생과 13개의 노란색 풍선을 터뜨리게 됩니다.
  필요한 노란색 풍선의 개수는 9 × 13 = 117개입니다.

③ 따라서 준비해야 할 풍선의 개수는 빨간색 36개, 파란색 78개, 노란색 117개입니다. (정답)

[정답] 풀이 과정 참조

〈풀이 과정〉

① 1번 조건에 의해 선수는 A, B, C, D, E, F입니다.
② 4번 조건에 의해 D의 위치를 채울 수 있습니다.

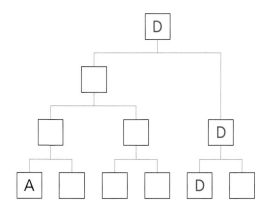

③ 그 다음 2번 조건에 의해 B와 F는 1차전에서 탈락했습니다. 3번 조건에 의해 C는 경기를 세 번 했고 F와 E를 이겼으므로 1차전에서는 F에게 승리, 2차전에서는 E에게 승리, 3차전에서는 D에게 졌습니다. C, F, E의 위치를 채울 수 있고 B의 위치는 1차전에서 D와 경기하는 위치가 됩니다. 따라서 아래와 같이 모든 토너먼트 그림을 완성할 수 있습니다.

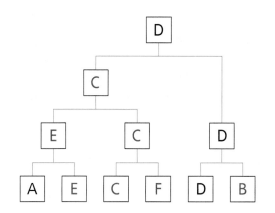

[정답] 풀이 과정 참조

〈풀이 과정〉

① 대표로 선발된 두 명의 선수 중 한 선수의 기록이 오히려 선발되지 않은 한 선수의 기록보다 나쁜 경우는 이런 경우입니다.

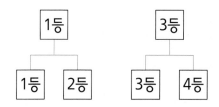

토너먼트 경기에서 1등과 2등이 경기하고 3등과 4등이 경기해 1등과 3등이 대표로 선발되는 경우, 3등 선수보다 오히려 성적이 더 좋은 2등 선수가 탈락하는 결과가 나올 수 있습니다.

② 따라서 이와 같은 문제를 해결하기 위해 다른 방식으로 경기를 하는 것이 좋습니다.

  ⅰ. 리그 방식으로 경기해 전체적으로 좋은 성적을 낸 상위 두 명의 선수를 대표로 선발합니다.

  ⅱ. 패자부활전을 도입해 패배자에게도 또 다른 기회를 부여합니다.

  ⅲ. 4명이 한 번에 경기를 진행해 상위 2등까지의 성적을 낸 두 명을 대표로 선발합니다.

창의적문제해결수학 02 ·················· P. 43

[정답] A씨의 주장

〈풀이 과정〉

① A, B, C씨의 주장대로 경기했을 경우 각각 총 몇 번 경기하는지 구합니다.

② ⅰ. A 씨의 주장

20명이 두 명씩 짝지어 토너먼트 방식으로 명이 남을 때까지 경기한다면 1차전에서는 10번의 경기를 통해 10명이 승리합니다. 그 다음으로 승리한 10명이 2차전에서 5번의 경기를 통해 5명이 승리합니다. 이때까지 총 15번 경기하게 됩니다.

그 다음으로 남은 5명이 리그 방식으로 경기하게 된다면
$[5 \times (5 - 1)] \div 2 = 20 \div 2 = 10$
총 10번 경기를 하게 됩니다.

A 씨의 주장대로 경기한다면 총 15 + 10 = 25번 경기를 하게 됩니다.

ⅱ. B 씨의 주장

20명이 네 명씩 5개 조로 나누어 리그 방식으로 경기했으므로 한 조 내에서는 몇 번의 경기하게 되는지 구합니다.

4명이 리그 방식으로 경기하게 된다면
$[4 \times (4 - 1)] \div 2 = [4 \times 3] \div 2 = 6$
한 조 내에서는 6번의 경기하게 됩니다. 한 조에 네 명씩 총 5개 조가 있으므로 경기는 모두 6 × 5 = 30번이 치러지게 됩니다. 그 다음으로 각 조에서 1등과 2등을 한 10명이 토너먼트 방식으로 경기한다면 10 - 1 = 9번 경기하게 됩니다.

B 씨의 주장대로 경기한다면 총 30 + 9 = 39번 경기하게 됩니다.

ⅲ. C 씨의 주장

20명의 사람이 리그 방식으로 경기한다면
$[20 \times (20 - 1)] \div 2 = [20 \times 19] \div 2 = 190$
총 190번 경기를 하게 됩니다.

C 씨의 주장대로 경기한다면 총 190번 경기하게 됩니다.

③ 무우와 친구는 A 씨의 주장대로 경기했을 경우 가장 적은 횟수로 경기할 수 있다는 것을 알아냈습니다. 마을 사람들의 고민을 해결해 주었습니다. (정답)

3. 금액 만들기

대표문제 I 확인하기 1 ·················· P. 49

[정답] 20가지

〈풀이 과정〉

① 한 종류의 동전을 사용해 350원을 지불하는 방법은 50원짜리 동전 7개 또는 10원짜리 동전 35개를 이용하는 방법 두 가지입니다.

② 두 종류의 동전을 사용해 350원을 지불하는 방법을 표를 이용해 구합니다.

100원	50원	100원	10원	50원	10원
3개	1개	3개	5개	6개	5개
2개	3개	2개	15개	5개	10개
1개	5개	1개	25개	4개	15개
				3개	20개
				2개	25개
				1개	30개

두 종류의 동전을 사용하는 방법은 3 + 3 + 6 = 12가지입니다.

③ 세 종류의 동전을 사용해 350원을 지불하는 방법을 표를 이용해 구합니다.

100원	50원	10원
2개	2개	5개
2개	1개	10개
1개	4개	5개
1개	3개	10개
1개	2개	15개
1개	1개	20개

세 종류의 동전을 사용하는 방법은 6가지입니다.

④ 따라서 350원을 지불할 수 있는 방법은 모두 2 + 12 + 6 = 20가지입니다. (정답)

[정답] 7가지

〈풀이 과정〉

① 한 개의 동전만을 사용해 지불할 수 있는 금액은 50원, 100원, 500원 세 가지입니다.

② 두 개의 동전을 사용해 지불할 수 있는 금액은 50원 + 100원 = 150원, 50원 + 500원 = 550원, 100원 + 500원 = 600원 세 가지입니다.

③ 세 개의 동전을 사용해 지불할 수 있는 금액은 50원 + 100원 + 500원 = 650원 한 가지입니다.

④ 따라서 상상이가 지불할 수 있는 금액은 모두 3 + 3 + 1 = 7가지입니다. (정답)

[정답] 50원 : 2개, 100원 : 1개, 500원 : 2개

〈풀이 과정〉

① 동전 5개로 1,200원을 만들기 위해 반드시 500원짜리 동전 두 개가 필요합니다.
  ➡ 3개의 동전으로 200원을 만드는 방법을 생각합니다.

② 동전 3개로 200원을 만드는 방법은 100원짜리 동전 한 개와 50원짜리 동전 두 개를 이용하는 방법입니다.

③ 따라서 50원짜리 동전 두 개, 100원짜리 동전 한 개, 500원짜리 동전 두 개입니다. (정답)

[정답] 10원 : 2개, 50원 : 4개, 100원 : 4개

〈풀이 과정〉

① 동전 10개로 620원을 만들기 위해 반드시 10원짜리 동전 두 개가 필요합니다.
  ➡ 남은 8개의 동전으로 600원을 만드는 방법을 생각합니다.

② 남은 8개의 동전이 모두 50원짜리라고 생각한다면 50 × 8 = 400원입니다.
  50원짜리 동전의 개수를 한 개 줄이고 100원짜리 동전의 개수를 한 개 늘릴 때마다 총금액은 50원씩 증가하게 됩니다.
  ➡ 50원짜리 1개를 줄이고 100원짜리 1개를 늘릴 때 (50 × 7) + (100 × 1) = 450원
    50원짜리 동전의 개수를 네 개 줄이고 100원짜리 동전의 개수를 네 개 늘린다면 총금액은 (50 × 4) + (100 × 4) = 200 + 400 = 600원입니다.

③ 따라서 10원짜리 동전 두 개, 50원짜리 동전 네 개, 100원짜리 동전 네 개입니다. (정답)

[정답] 13가지

〈풀이 과정〉

① 무우는 500원 동전 1개, 100원 동전 2개, 50원 동전 2개를 가지고 있습니다.

② 한 개의 동전만을 사용해 지불할 수 있는 금액은 50원, 100원, 500원 세 가지입니다.

③ 두 개의 동전을 사용해 지불할 수 있는 금액은 표를 이용해 구합니다.

50원	2개	1개	0개	1개	0개
100원	0개	1개	2개	0개	1개
500원	0개	0개	0개	1개	1개
총금액	100원	150원	200원	550원	600원

150원, 200원, 550원, 600원 ➡ 4가지
100원의 경우 한 개의 동전만을 사용하는 경우이므로 제외합니다.
두 개의 동전을 사용해 지불할 수 있는 금액은 네 가지입니다.

④ 세 개의 동전을 사용해 지불할 수 있는 금액은 표를 이용해 구합니다.

50원	2개	1개	2개	1개	0개
100원	1개	2개	0개	1개	2개
500원	0개	0개	1개	1개	1개
총금액	200원	250원	600원	650원	700원

250원, 650원, 700원 ➡ 3가지
200원, 600원의 경우 두 개의 동전을 사용해서도 지불할 수 있으므로 제외합니다.
세 개의 동전을 사용해 지불할 수 있는 금액은 세 가지입니다.

⑤ 네 개의 동전을 사용해 지불할 수 있는 금액은 표를 이용해 구합니다.

50원	2개	2개	1개
100원	2개	1개	2개
500원	0개	1개	1개
총금액	300원	700원	750원

300원, 750원 ➡ 2가지
700원의 경우 세 개의 동전을 사용해서도 지불할 수 있으므로 제외합니다.
네 개의 동전을 사용해 지불할 수 있는 금액은 두 가지입니다.

⑤ 다섯 개의 동전을 사용해 지불할 수 있는 금액은 50원 + 50원 + 100원 + 100원 + 500원 = 800원 한 가지입니다.

⑥ 따라서 무우가 지불할 수 있는 금액은 모두 3 + 4 + 3 + 2 + 1 = 13가지입니다. (정답)

연습문제 **02** ·· P. 52

[정답] 13가지

〈풀이 과정〉

① 한 종류의 동전을 사용해 800원을 지불하는 방법은 50원짜리 동전 16개 또는 100원짜리 동전 8개를 이용하는 방법 2가지입니다.

② 두 종류의 동전을 사용해 800원을 지불하는 방법을 표를 이용해 구합니다.

500원	100원
1개	3개

500원	50원
1개	6개

100원	50원
7개	2개
6개	4개
5개	6개
4개	8개
3개	10개
2개	12개
1개	14개

두 종류의 동전을 사용하는 방법은 1 + 1 + 7 = 9가지입니다.

③ 세 종류의 동전을 사용해 800원을 지불하는 방법을 표를 이용해 구합니다.

500원	100원	50원
1개	2개	2개
1개	1개	4개

세 종류의 동전을 사용하는 방법은 2가지입니다.

④ 따라서 알알이가 800원을 지불할 수 있는 방법은 모두 2 + 9 + 2 = 13가지입니다. (정답)

연습문제 **03** ·· P. 52

[정답] 10원 : 3개, 50원 : 3개, 100원 : 2개, 500원 : 1개

〈풀이 과정〉

① 동전 9개로 880원을 만들기 위해 반드시 500원짜리 동전 1개가 필요합니다.
   ➡ 남은 8개의 동전으로 380원을 만드는 방법을 생각합니다.

② 8개의 동전으로 380원을 만들기 위해 반드시 50원짜리 동전 1개와 10원짜리 동전 3개가 필요합니다.
   10원짜리 동전 8개로 80원을 만든다면 남는 동전이 없어 380원을 만들 수 없습니다.
   ➡ 남은 4개의 동전으로 300원을 만드는 방법을 생각합니다.

③ 동전 4개로 300원을 만드는 방법은 100원짜리 동전 2개와 50원짜리 동전 2개를 이용하는 방법입니다.

④ 따라서 제이는 10원짜리 동전 3개, 50원짜리 동전 3개, 100원짜리 동전 2개, 500원짜리 동전 1개를 가지고 있습니다. (정답)

연습문제 **04** ·· P. 53

[정답] 50원 : 12개, 100원 : 4개

〈풀이 과정〉

① 500원짜리 동전 2개를 바꿨으므로 잔돈으로 교환한 총금액은 1,000원입니다.
   50원짜리 동전과 100원짜리 동전 16개로 1,000원을 만드는 방법을 구합니다.

② 16개의 동전이 모두 50원짜리라고 생각한다면 50 × 16 = 800원입니다.
   50원짜리 동전의 개수를 한 개 줄이고 100원짜리 동전의 개수를 한 개 늘릴 때마다 총금액은 50원씩 증가하게 됩니다. ➡ (50 × 15) + (100 × 1) = 850원
   50원짜리 동전의 개수를 4개 줄이고 100원짜리 동전의 개수를 4개 늘린다면 총금액은
   (50 × 12) + (100 × 4) = 600 + 400 = 1,000원

③ 따라서 상상이는 50원짜리 동전 12개와 100원짜리 동전 4개를 가지고 있습니다. (정답)

[정답] 7가지

〈풀이 과정〉

① 한 개의 영역만을 맞혀서 60점을 만드는 방법은 10점 영역에 6번 맞히는 경우 또는 5점 영역에 12번 맞히는 방법 2가지입니다.

② 두 개의 영역을 맞혀서 60점을 만드는 방법을 표를 이용해 구합니다.

10점	5번	4번	3번	2번	1번
5점	2번	4번	6번	8번	10번
총점	60점	60점	60점	60점	60점

두 개의 영역을 맞히는 방법은 5가지입니다.

③ 따라서 60점을 만드는 방법은 모두 2 + 5 = 7가지입니다. (정답)

[정답] 14가지

〈풀이 과정〉

① 한 개의 우표만을 사용해 지불할 수 있는 금액은 300원, 500원 2가지입니다.

② 두 개의 우표를 사용해 지불할 수 있는 금액을 표를 이용해 구합니다.

300원	2개	1개	0개
500원	0개	1개	2개
총금액	600원	800원	1,000원

600원, 800원, 1,000원 ➡ 3가지
두 개의 우표를 사용해 지불할 수 있는 금액은 3가지입니다.

③ 세 개의 우표를 사용해 지불할 수 있는 금액을 표를 이용해 구합니다.

300원	3개	2개	1개
500원	0개	1개	2개
총금액	900원	1,100원	1,300원

900원, 1,100원, 1,300원 ➡ 3가지
④ 세 개의 우표를 사용해 지불할 수 있는 금액은 3가지입니다.

④ 네 개의 우표를 사용해 지불할 수 있는 금액을 표를 이용해 구합니다.

300원	4개	3개	2개
500원	0개	1개	2개
총금액	1,200원	1,400원	1,600원

1,200원, 1,400원, 1,600원 ➡ 3가지
네 개의 우표를 사용해 지불할 수 있는 금액은 3가지입니다.

⑤ 다섯 개 또는 여섯 개의 우표를 사용해 지불할 수 있는 금액을 표를 이용해 구합니다.

300원	4개	3개	4개
500원	1개	2개	2개
총금액	1,700원	1,900원	2,200원

1,700원, 1,900원, 2,200원 ➡ 3가지
다섯 개 또는 여섯 개의 우표를 사용해 지불할 수 있는 금액은 3가지입니다.

⑥ 따라서 무우가 지불할 수 있는 우편 요금은 모두 2 + 3 + 3 + 3 + 3 = 14가지입니다. (정답)

[정답] 각 8개

〈풀이 과정〉

① 100원짜리 동전만으로 1,200원을 만들기 위해 1200 ÷ 100 = 12개가 필요합니다.

② 100원짜리 동전의 개수를 한 개 줄일 때마다 50원짜리 동전의 개수를 2개 늘리면 총금액은 1,200원으로 일정합니다. 50원짜리 동전과 100원짜리 동전의 개수가 같아질 때까지 찾습니다.

100원	12개	11개	10개	9개	8개
50원	0개	2개	4개	6개	8개
총금액	1,200원	1,200원	1,200원	1,200원	1,200원

③ 따라서 상상이가 가진 50원과 100원짜리 동전의 개수는 각 8개입니다. (정답)

연습문제 **08** ·· P. 54

[정답] 어른 : 2명, 청소년 : 5명, 어린이 : 2명

〈풀이 과정〉

① 9명의 입장료가 7,000원이 되기 위해 청소년은 반드시 5명이 입장해야 합니다.
청소년의 입장료는 800원이므로 5명이 입장해 800 × 5 = 4,000원이 되는 경우를 제외하고는 9명 입장의 합이 7,000원이 될 수 없습니다.
➡ 남은 어른과 어린이 네 명의 입장료의 합이 3,000원이 되는 경우를 찾습니다.

② 어른과 어린이 네 명의 입장료의 합이 3,000원이 되는 경우는 어른 두 명과 어린이 두 명이 입장하는 경우입니다.

③ 따라서 어른 두 명, 청소년 다섯 명, 어린이 두 명이 입장했습니다. (정답)

연습문제 **09** ·· P. 55

[정답] 10원 : 2개, 50원 : 4개, 100원 : 2개

〈풀이 과정〉

① 천 원짜리 지폐 한 장을 내고 580원짜리 물건을 구매했다면 알알이가 거스름돈으로 받아야 하는 금액은 1,000 - 580 = 420원입니다.
8개의 동전으로 420원을 만드는 방법을 구합니다.

② 동전 8개로 420원을 만들기 위해 반드시 10원짜리 동전 두 개가 필요합니다.
➡ 남은 여섯 개의 동전으로 400원을 만드는 방법을 생각합니다.

③ 남은 여섯 개의 동전이 모두 50원짜리라고 생각한다면 50 × 6 = 300원입니다.
50원짜리 동전의 개수를 한 개 줄이고 100원짜리 동전의 개수를 한 개 늘릴 때마다 총금액은 50원씩 증가하게 됩니다. ➡ (50 × 5) + (100 × 1) = 350원
50원짜리 동전의 개수를 두 개 줄이고 100원짜리 동전의 개수를 두 개 늘린다면 총금액은 (50 × 4) + (100 × 2) = 200 + 200 = 400원입니다.

④ 따라서 알알이는 10원짜리 동전 두 개, 50원짜리 동전 네 개, 100원짜리 동전 두 개를 받았습니다. (정답)

연습문제 **10** ·· P. 55

[정답] 제이

〈풀이 과정〉

① 무우가 받은 400점은 빨간색 공(50점) 8개 또는 노란색 공(80점) 5개를 넣으면 얻을 수 있습니다.
➡ 50 × 8 = 400 또는 80 × 5 = 400점

② 상상이가 받은 230점은 빨간색 공(50점) 3개와 노란색 공(80점) 1개를 넣으면 얻을 수 있습니다.
➡ (50 × 3) + 80 = 150 + 80 = 230점

③ 알알이가 받은 360점은 빨간색 공(50점) 4개와 노란색 공(80점) 2개를 넣으면 얻을 수 있습니다.
➡ (50 × 4) + (80 × 2) = 200 + 160 = 360점

④ 제이가 받은 270점은 어떻게 공을 넣더라도 받을 수 없는 점수입니다.

⑤ 따라서 거짓말을 하고 있는 친구는 제이입니다. (정답)

심화문제 **01** ·· P. 56

[정답] 6가지

〈풀이 과정〉

① 한 개의 영역만을 맞혀서 80점을 얻는 방법은 10개의 다트를 모두 8점 영역에 맞히는 방법입니다.
➡ 10 × 8 = 80

② 10개의 다트 중 두 개를 8점 영역에 맞히는 대신에 한 개는 6점 영역, 한 개는 10점 영역에 맞히는 경우도 똑같이 80점을 받을 수 있습니다.
➡ (8 + 8) = (6 + 10) = 16점
80점을 얻는 모든 경우를 표로 나타내면 아래와 같습니다.

10점	0개	1개	2개	3개	4개	5개
8점	10개	8개	6개	4개	2개	0개
6점	0개	1개	2개	3개	4개	5개
총점	80점	80점	80점	80점	80점	80점

③ 따라서 10개의 다트를 던져 80점을 얻는 방법은 6가지입니다. (정답)

[정답] 7개, 8개

〈풀이 과정〉

① 제이가 원래 가지고 있던 동전의 종류와 개수를 구합니다.

② 14개의 동전으로 940원을 가지고 있기 위해 반드시 10원짜리 동전 네 개가 필요합니다.
남은 10개의 동전으로 900원을 만드는 방법을 생각합니다.

③ 남은 10개의 동전으로 900원을 만드는 방법은 100원짜리 동전 8개와 50원짜리 동전 2개를 이용하는 방법입니다.

④ 제이가 원래 가지고 있던 동전의 종류와 개수는 10원짜리 4개, 50원짜리 2개, 100원짜리 8개입니다.

⑤ 그 다음 제이에게 남은 420원에 대한 경우를 구합니다.
　ⅰ. 100원짜리 동전 4개와 10원짜리 동전 2개, 총 6개의 동전이 남은 경우
　　➡ $(100 \times 4) + (10 \times 2) = 420$원
　ⅱ. 100원짜리 동전 3개, 50원짜리 동전 2개, 10원짜리 동전 2개, 총 7개의 동전이 남은 경우
　　➡ $(100 \times 3) + (50 \times 2) + (10 \times 2) = 420$원

⑥ 따라서 제이가 잃어버린 동전의 개수로 가능한 수는
$14 - 6 = 8$개 또는 $14 - 7 = 7$개입니다. (정답)

[정답] 9명

〈풀이 과정〉

① 총요금이 12,600원이므로 총인원은 반드시 10명 이상입니다. 10명 이상의 경우 단체 할인을 받으므로 할인된 입장료를 계산하면 어른 1,000원, 청소년 800원, 어린이 500원입니다.

② 가장 많은 수의 사람이 들어갔을 때의 인원수를 구합니다.
이 경우 가장 입장료가 저렴한 어린이들이 최대한 많이 입장해야 합니다.
어린이들이 최대한 많이 입장하면서 어른, 청소년, 어린이가 한 명 이상 입장하는 경우는
어른 – 1명, 청소년 – 2명, 어린이 – 20명이 입장하는 경우입니다.
　➡ $1,000 + (800 \times 2) + (500 \times 20) = 1,000 + 1,600 + 10,000 = 12,600$원
　이 경우 $1 + 2 + 20 = 23$명의 사람이 입장하게 됩니다.

③ 가장 적은 수의 사람이 들어갔을 때의 인원수를 구합니다.
이 경우 가장 입장료가 비싼 어른들이 최대한 많이 입장해야 합니다.
어른들이 최대한 많이 입장하면서 어른, 청소년, 어린이가

한 명 이상 입장하는 경우는
어른 – 10명, 청소년 – 2명, 어린이 – 2명이 입장하는 경우입니다.
　➡ $(1,000 \times 10) + (800 \times 2) + (500 \times 2) = 10,000 + 1,600 + 1,000 = 12,600$원
　이 경우 $10 + 2 + 2 = 14$명의 사람이 입장하게 됩니다.

④ 따라서 가장 많은 수의 사람이 들어갔을 때와 가장 적은 수의 사람이 들어갔을 때 인원수의 차는 $23 - 14 = 9$명입니다. (정답)

[정답] 풀이 과정 참조

〈풀이 과정〉

<1,260원의 우편 요금>

① 한 종류의 우표만을 이용해 1,260원을 만드는 방법을 먼저 생각합니다.
이 경우 1,260원을 만들 수 없으므로 적절하지 않습니다.

② 여러 종류의 우표를 이용해 1,260원을 만드는 방법을 생각합니다.
240원짜리 우표 2장과 380원짜리 우표 한 장을 사용합니다.
　➡ $(240 \times 2) + 380 = 480 + 380 = 860$원
　그 다음 400원짜리 우표를 한 장 더 사용하면 1,260원의 우편 요금을 만들 수 있습니다.
　➡ $860 + 400 = 1,260$원

③ 따라서 240원 우표 2장, 380원 우표 1장, 400원 우표 1장이 필요합니다. (정답)

<1,400원의 우편 요금>

① 10원 단위의 금액이 없는 것을 이용하여 풀이합니다.
한 종류의 우표만으로 1,400원을 만드는 방법을 생각합니다.
　ⅰ. 240원짜리 우표만으로 10원 단위의 금액이 없게 하려면 5장의 우표가 필요합니다.
　　➡ $240 \times 5 = 1,200$원
　ⅱ. 380원짜리 우표만으로 10원 단위의 금액이 없게 하려면 5장의 우표가 필요합니다.
　　➡ $380 \times 5 = 1,900$원
　ⅲ. 400원짜리 우표는 몇 장을 써도 10원 단위의 금액이 없습니다.
하지만 세 경우 모두 1,400원을 만들 수 없으므로 적절하지 않습니다.

② 여러 종류의 우표를 이용해 1,400원을 만드는 방법을 생각합니다.
240원짜리 우표 한 장과 380원짜리 우표 두 장을 사용합니다.

➔ 240 + (380 × 2) = 240 + 760 = 1,000원

그 다음 400원짜리 우표를 한 장 더 사용하면 1,400원의 우편 요금을 만들 수 있습니다.

➔ 1,000 + 400 = 1,400원

③ 따라서 240원 우표 1장, 380원 우표 2장, 400원 우표 1장이 필요합니다. (정답)

창의적문제해결수학 **01** ···················· P. 60

[정답] 소보로빵과 크림빵, 2개, 6개, 7개

〈풀이 과정〉

① 원래 가지고 있던 3,200원에서 두 개의 빵을 구입하고 650원이 남았으므로 상상이가 구입한 빵의 금액은 2,550원입니다. 상상이가 구입한 두 개의 빵은 소보로빵과 크림빵입니다.

② 그 다음 상상이가 빵을 구입하는 데 사용한 동전의 종류와 개수를 구합니다.

③ 먼저 상상이가 원래 가지고 있던 동전의 종류와 개수를 구합니다. 상상이는 천 원짜리 지폐 두 장과 10개의 동전을 합쳐 총 3,200원을 가지고 있으므로 상상이가 가진 동전들의 총금액은 1,200원입니다.

10개의 동전을 이용해 1,200원을 만드는 방법을 생각합니다.

④ 10개의 동전으로 1,200원을 만들기 위해 반드시 500원짜리 동전 한 개가 필요합니다.

➔ 남은 9개의 동전으로 700원을 만드는 방법을 생각합니다.

⑤ 남은 9개의 동전으로 700원을 만드는 방법은 100원짜리 동전 5개와 50원짜리 동전 4개를 이용하는 방법입니다.

상상이가 원래 가지고 있던 동전의 종류와 개수는 500원짜리 동전 1개, 100원짜리 동전 5개, 50원짜리 동전 4개로 총 10개입니다.

⑥ 두 개의 빵을 구입하고 650원이 남았으므로 상상이에게 남은 동전의 종류와 개수로 가능한 경우를 모두 구합니다.

ⅰ. 500원짜리 동전 한 개, 100원짜리 동전 한 개, 50원 동전짜리 한 개로 총 3개의 동전이 남은 경우

➔ 사용한 동전의 개수는 10 – 3 = 7개입니다.

ⅱ. 500원짜리 동전 한 개, 50원짜리 동전 세 개로 총 4개의 동전이 남은 경우

➔ 사용한 동전의 개수는 10 – 4 = 6개입니다.

ⅲ. 100원짜리 동전 다섯 개, 50원짜리 동전 세 개로 총 8개의 동전이 남은 경우

➔ 사용한 동전의 개수는 10 – 8 = 2개입니다.

⑦ 따라서 사용한 동전의 개수로 가능한 수는 7개, 6개, 2개입니다. (정답)

창의적문제해결수학 **02** ···················· P. 61

[정답] 500페소 4개, 200페소 7개
100페소 2개, 50페소 28개

〈풀이 과정〉

① 5,000페소를 네 명이 공평하게 나누어 가지려면 한 친구당 5,000 ÷ 4 = 1,250페소를 가져야 합니다. 각 친구의 요구에 맞게 1,250페소를 나누어 주는 방법을 찾습니다.

② ⅰ. 무우 : 최대한 적은 개수의 동전으로 바꿀래!
무우의 경우 500페소 2개, 200페소 1개, 50페소 1개를 받으면 됩니다.

ⅱ. 상상 : 200페소짜리 동전을 최대한 많이 받고 싶어!
상상이의 경우 200페소 6개, 50페소 1개를 받으면 됩니다.

ⅲ. 알알 : 최대한 많은 개수의 동전으로 바꿀래!
알알이의 경우 50페소 25개를 받으면 됩니다.

ⅳ. 제이 : 200페소짜리 동전을 빼고 최대한 적은 개수의 동전으로 바꿀래!

제이의 경우 500페소 2개, 100페소 2개, 50페소 1개를 받으면 됩니다.

③ 따라서 친구들의 요구를 모두 만족시키며 5,000페소를 공평하게 나눠주기 위해 500페소짜리 4개, 200페소짜리 7개, 100페소짜리 2개, 50페소짜리 28개로 바꿔야 합니다. (정답)

4. 가장 빠른 길 찾기

대표문제Ⅰ 확인하기 ·············· P. 67

[정답] 10가지

〈풀이 과정〉

① B 지점까지 가기 위해 반드시 거치게 되는 두 점을 찾습니다.

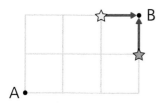

　노란 별 또는 주황 별에 도착한 후 B 지점까지 가는 최단 경로는 한 가지밖에 없으므로 두 지점까지 가는 최단 경로의 가짓수를 더해 총가짓수를 구합니다.

② ⅰ. 노란 별까지 갈 수 있는 최단 경로의 가짓수 ➡ 6가지

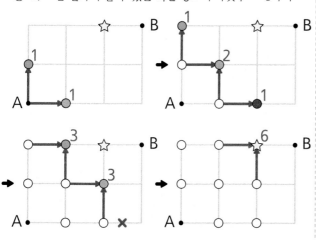

　노란 별까지 가기 위해 반드시 거치게 되는 지점들에 각 지점까지 최단 경로의 가짓수를 숫자로 표시합니다. 여러 개의 화살표가 만나는 경우 직전 지점들에 적힌 숫자의 합을 적습니다. ✕ 표시된 방향으로 갈 때, 노란 별까지 최단 경로로 갈 수 없으므로 가지 않습니다. 총가짓수를 구하면 6가지입니다.

ⅱ. 주황 별까지 갈 수 있는 최단 경로의 가짓수 ➡ 4가지

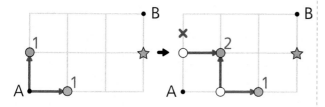

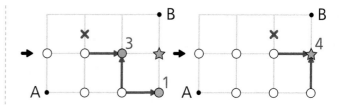

　노란 별과 같은 방법으로 가짓수를 구할 수 있습니다. 총가짓수는 4가지입니다.

③ 따라서 B 지점까지 갈 수 있는 최단 경로의 총가짓수는 6 + 4 = 10가지입니다. (정답)

대표문제2 확인하기 ·············· P. 69

[정답] 9가지

〈풀이 과정〉

① A 지점에서 B 지점으로 가는 최단 경로와 B 지점에서 C 지점으로 가는 최단 경로의 가짓수를 각각 구한 후 곱하는 방식으로 구합니다.

② ⅰ. A에서 B까지 갈 수 있는 최단 경로의 가짓수 ➡ 3가지

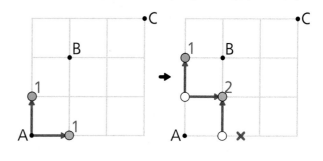

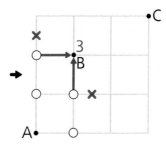

ⅱ. B에서 C까지 갈 수 있는 최단 경로의 가짓수 ➡ 3가지

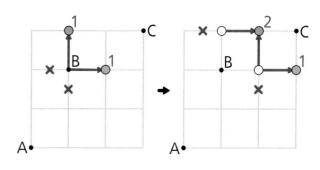

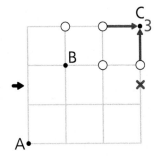

③ A에서 B까지 3가지 경로를 ㉠, ㉡, ㉢라고 하고 B에서 C
까지 3가지 경로를 ⓐ, ⓑ, ⓒ라고 합니다. A에서 B까지
㉠, ㉡, ㉢ 중 한 경로를 선택해 간 후 B에서 C까지 ⓐ, ⓑ,
ⓒ 중 한 경로를 선택할 수 있습니다. 따라서 총가짓수는
3 × 3 = 9가지입니다. (정답)

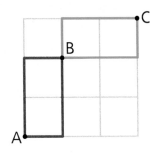

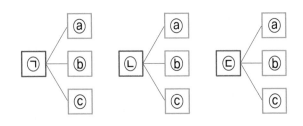

연습문제 **01** ·· P. 70

[정답] 풀이 과정 참조

〈풀이 과정〉

① 다섯 가지 최단 경로를 그릴 수 있습니다.

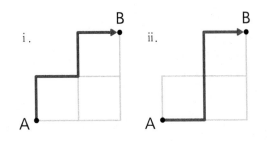

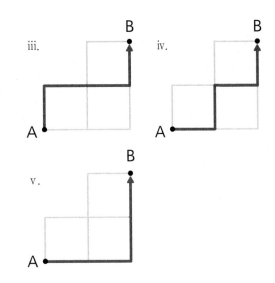

연습문제 **02** ·· P. 70

[정답] 9가지, 풀이 과정 참조

〈풀이 과정〉

① 순서대로 빈칸을 채워나갈 수 있습니다.

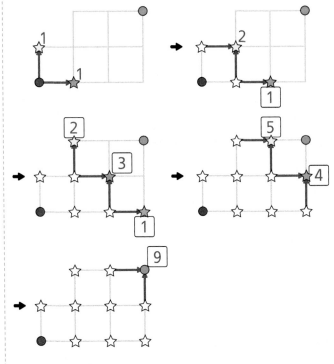

② 따라서 ● 지점에서 ◐ 지점까지 갈 수 있는 최단 경로의
가짓수는 9가지이며 빈칸은 아래 그림과 같이 채울 수 있
습니다.

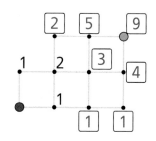

연습문제 **03** ·········· P. 71

[정답] 18가지

〈풀이 과정〉

① 집에서 빵집으로 가는 최단 경로와 빵집에서 상상이네 집으로 가는 최단 경로의 가짓수를 각각 구하고 두 가지 수를 곱하여 답을 구합니다. □는 집에서 빵집까지, □는 빵집에서 상상이네 집까지 돌아가는 경우를 제외한 영역을 각 색깔의 굵은 선으로 표시한 것입니다.

②

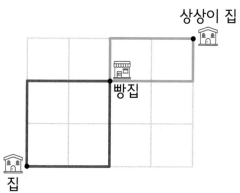

집 → 빵집 (6가지)

빵집 → 상상이네집 (3가지)

□(집 → 빵집) = 6가지, □(빵집 → 상상이네 집) = 3가지
이므로 무우가 집에서 출발해 빵집에 들렀다가 상상이네 집까지 갈 수 있는 최단 경로는 6 × 3 = 18가지입니다. (정답)

연습문제 **04** ·········· P. 71

[정답] 15가지

〈풀이 과정〉

① A에서 최단 경로로 갈 수 있는 방법이 한 가지뿐인 지점들에 숫자 1을 모두 표시합니다.

② 그 다음 나머지 지점들에도 알맞은 수를 표시합니다. 여러 개의 화살표가 만나는 경우 직전 지점들에 적힌 숫자의 합을 적습니다.

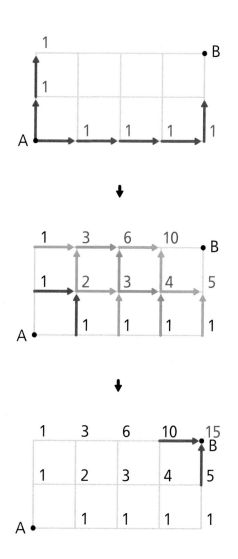

③ 따라서 A에서 B까지 갈 수 있는 최단 경로의 가짓수는 15가지입니다.

연습문제 **05** .... P. 71

[정답] 27가지

〈풀이 과정〉

① A 지점에서 B 지점으로 가는 최단 경로와 B 지점에서 C 지점으로 가는 최단 경로의 가짓수를 각각 구하고 두 가지 수를 곱하여 답을 구합니다. □는 A 지점에서 B 지점까지, □는 B 지점에서 C 지점까지 돌아가는 경우를 제외한 영역을 각 색깔의 굵은 선으로 표시한 것입니다.

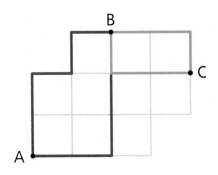

②

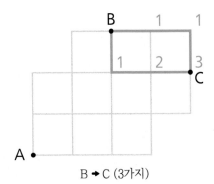

A ➜ B (9가지)

B ➜ C (3가지)

□(A 지점 ➜ B 지점) = 9가지, □(B 지점 ➜ C 지점) = 3 가지이므로 A 지점에서 출발해 B 지점에 들렀다가 C 지점까지 갈 수 있는 최단 경로는 9 × 3 = 27가지입니다. (정답)

연습문제 **06** .... P. 72

[정답] 15가지

〈풀이 과정〉

① 물이 고여있어 지나갈 수 없는 길을 제외하고 그림을 다시 그리면 아래와 같은 모양이 됩니다. 지나갈 수 없는 길을 제외한 그림을 이용해 최단 경로의 가짓수를 구합니다.

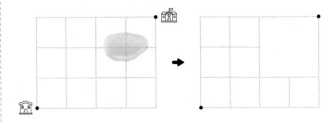

② 학교까지 가기 위해 반드시 거치게 되는 두 지점을 찾습니다.

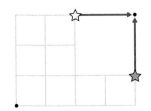

노란 별 또는 주황 별에 도착한 후 학교까지 가는 최단 경로는 한 가지밖에 없으므로 두 지점까지 가는 최단 경로의 가짓수를 더해 총가짓수를 구합니다.

③

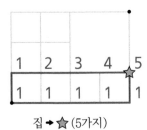

집 ➜ ☆ (10가지)   집 ➜ ★ (5가지)

노란 별까지 가는 최단 경로의 가짓수는 10가지, 주황 별까지 가는 최단 경로의 가짓수는 5가지이므로 상상이가 집에서 학교까지 갈 수 있는 최단 경로의 가짓수는 10 + 5 = 15가지입니다. (정답)

[정답] 6가지

<풀이 과정>

① 대각선이 있는 부분은 대각선을 이용하는 것이 최단 경로입니다.

그림과 같이 세 개의 길 중 대각선으로 가는 길(초록색 길)의 길이가 가장 짧습니다.

② 길을 돌아가지 않으면서 대각선을 이용하는 방법은 다음과 같이 2가지입니다.

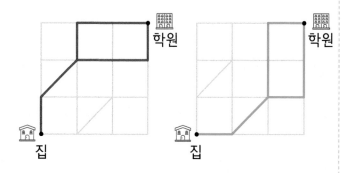

③ 경우마다 최단 경로의 가짓수를 구합니다.

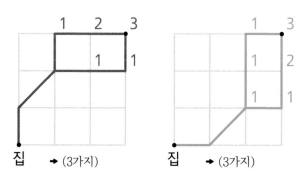

④ 따라서 집에서 학원까지 갈 수 있는 최단 경로의 가짓수는 3 + 3 = 6가지입니다. (정답)

[정답] 12가지

① 집에서 문방구로 가는 최단 경로와 문방구에서 학교로 가는 최단 경로의 가짓수를 각각 구하고 두 가지 수를 곱하여 답을 구합니다. □는 집에서 문방구까지, □는 문방구에서 학교까지 돌아가는 경우를 제외한 영역을 각 색깔의 굵은 선으로 표시한 것입니다.

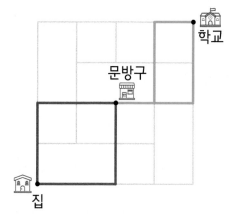

② 각 경우 최단거리 가짓수를 구합니다.

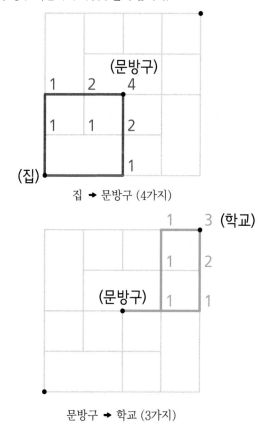

집 ➡ 문방구 (4가지)

문방구 ➡ 학교 (3가지)

□(집 ➡ 문방구) = 4가지, □(문방구 ➡ 학교) = 3가지이므로 제이가 집에서 출발해 문방구에 들렀다가 학교까지 갈 수 있는 최단 경로는 4 × 3 = 12가지입니다. (정답)

[정답] 15가지

〈풀이 과정〉

① 빨간색으로 표시한 길을 이용할 때, 최단 경로가 될 수 없으므로 제외합니다.

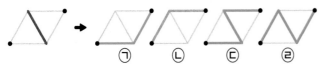
㉠ ㉡ ㉢ ㉣

㉢과 같이 길을 지날 때는 최단 경로가 될 수 없습니다. 아래와 같이 빨간색 길을 제외하여 그림을 간단하게 나타낼 수 있습니다.

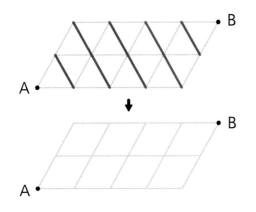

② A에서 최단 경로로 갈 수 있는 방법이 한 가지뿐인 지점들에 숫자 1을 모두 표시합니다.

③ 그 다음 나머지 지점들에도 알맞은 수를 표시합니다. 여러 개의 화살표가 만나는 경우 직전 지점들에 적힌 숫자의 합을 적습니다.

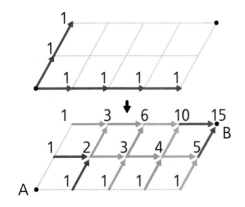

③ 따라서 A에서 B까지 갈 수 있는 최단 경로의 가짓수는 15가지입니다. (정답)

[정답] 47가지

〈풀이 과정〉

① 입구에서 최단 경로로 갈 수 있는 방법이 한 가지뿐인 지점들에 숫자 1을 모두 표시합니다.

② 그 다음 나머지 지점들에도 알맞은 수를 표시합니다. 여러 개의 화살표가 만나는 경우 직전 지점들에 적힌 숫자의 합을 적습니다.

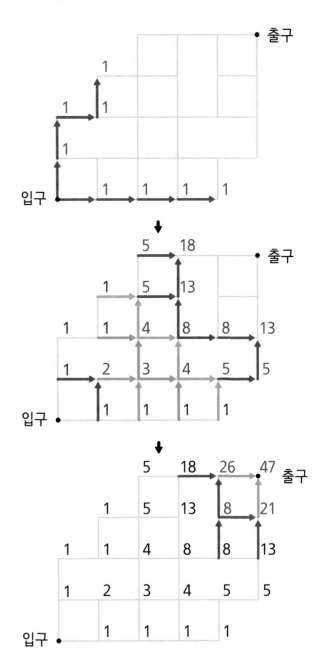

③ 따라서 입구에서 출구까지 갈 수 있는 최단 경로의 가짓수는 47가지입니다. (정답)

[정답] 132가지

⟨풀이 과정⟩

① 복구 중이라 지나갈 수 없는 길을 제외하고 그림을 다시
　그리면 아래의 오른쪽과 같은 모양이 됩니다. 지나갈 수
　없는 길을 제외한 그림을 이용해 최단 경로의 가짓수를 구
　합니다.

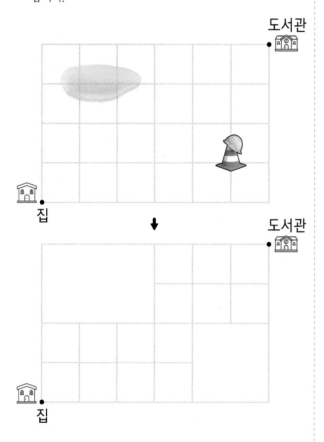

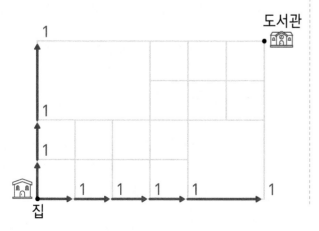

② 입구에서 최단 경로로 갈 수 있는 방법이 한 가지뿐인 지
　점들에 숫자 1을 모두 표시합니다.

③ 그 다음 나머지 지점들에도 알맞은 수를 표시합니다. 여러
　개의 화살표가 만나는 경우 직전 지점들에 적힌 숫자의 합
　을 적습니다.

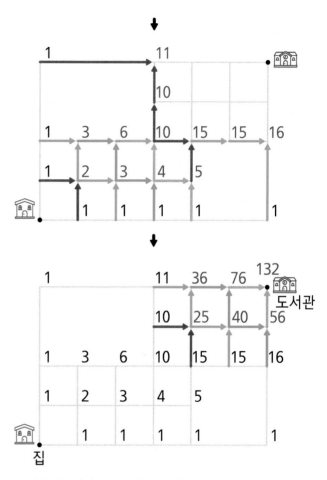

④ 따라서 집에서부터 도서관까지 갈 수 있는 최단 경로의 가
　짓수는 132가지입니다. (정답)

심화문제 **03** .... P. 76

[정답] 43가지

〈풀이 과정〉

① 정해진 방향으로 갈 때, 최단 경로가 되지 않는 길은 ✖ 표시하고 이용하지 않습니다.

✖ 표시한 길을 제외하고 그림을 다시 그리면 아래와 같은 모양이 됩니다. ✖ 표시한 길을 제외한 그림을 이용해 최단 경로의 가짓수를 구합니다.

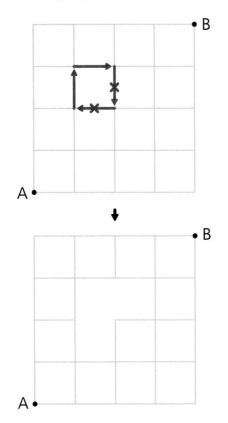

② 지점마다 그 지점까지 갈 수 있는 최단 경로의 가짓수를 숫자로 표시합니다.

③ 따라서 A 지점에서 출발하여 B 지점까지 갈 수 있는 최단 경로의 가짓수는 43가지입니다. (정답)

심화문제 **04** .... P. 77

[정답] 6가지

〈풀이 과정〉

① 최단 경로로 가야 하므로 돌아가게 되는 길은 포함하지 않습니다.

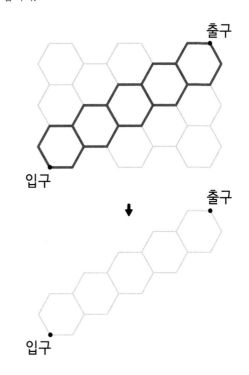

② 지점마다 그 지점까지 갈 수 있는 최단 경로의 가짓수를 숫자로 표시합니다.

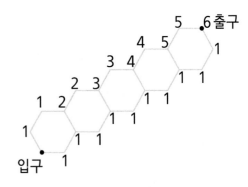

③ 따라서 입구에서 출발하여 출구까지 나올 수 있는 최단 경로의 가짓수는 6가지입니다. (정답)

[정답] 6가지

<풀이 과정>

① 입체도형의 경우에도 평면도형과 각 지점에 그 지점까지 갈 수 있는 최단 경로의 가짓수를 적어 나가는 방식으로 구합니다.

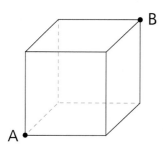

② 지점마다 그 지점까지 갈 수 있는 최단 경로의 가짓수를 숫자로 표시합니다. 여러 개의 화살표가 만나는 경우 직전 지점들에 적힌 숫자의 합을 적습니다.

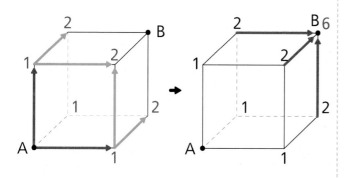

③ 따라서 A 지점에서 출발하여 B 지점까지 갈 수 있는 최단 경로의 가짓수는 6가지입니다. (정답)

[정답] 40가지

<풀이 과정>

① 1번 지점에서 2번 지점, 2번 지점에서 3번 지점, 3번 지점에서 4번 지점으로 가는 최단 경로의 가짓수를 각각 구하고 세 가지 수를 곱하여 답을 구합니다.

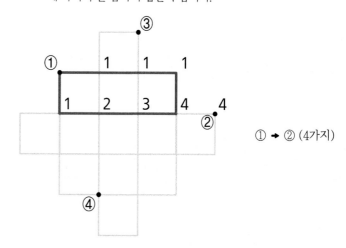

① → ② (4가지)

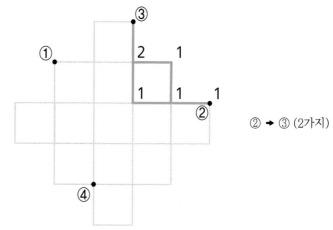

② → ③ (2가지)

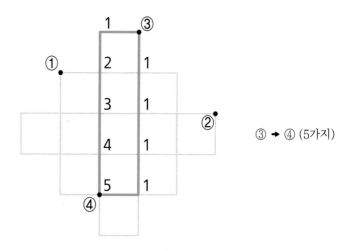

③ → ④ (5가지)

② 따라서 1, 2, 3번 지점을 거쳐 4번 지점으로 가장 빠르게 갈 수 있는 방법의 가짓수는
$4 \times 2 \times 5 = 40$가지입니다. (정답)

5. 표와 그래프 (평균)

대표문제1 **확인하기 1** ·········· P. 85

[정답] 풀이 과정 참조

〈풀이 과정〉

① 10원짜리 동전의 개수를 구하기 위해 500원과 100원짜리 동전의 개수를 셉니다.

500원	◎ ○ ○ ○ ○
100원	○ ○ ○ ○ ○ ○ ○ ○

→ ◎ (10개) + ○○○○ (4개) = 14개
→ ○○○○○○○○ (8개) = 8개

② 무우는 50원짜리 동전을 12개 가지고 있으므로 무우가 가진 500원, 100원, 50원짜리 동전 개수의 합은 14 + 8 + 12 = 34개입니다.

③ 따라서 무우가 가진 50개의 동전 중 10원짜리 동전의 개수는 50 - 34 = 16개입니다.

④ 마지막으로 빈칸에 알맞은 그림을 넣어 그림그래프를 완성하면 다음과 같습니다.

종류	동전의 개수	
500원	◎ ○ ○ ○ ○	14개
100원	○ ○ ○ ○ ○ ○ ○ ○	8개
50원	◎ ○ ○	12개
10원	◎ ○ ○ ○ ○ ○	16개

대표문제1 **확인하기 2** ·········· P. 85

[정답] 4명 더 많습니다.

〈풀이 과정〉

① 3반의 인원수를 구하기 위해 1반, 2반, 4반 인원수의 합을 구하면 18 + 23 + 20 = 61명입니다.

② 3학년 총인원 83명 중 3반의 인원수는 83 - 61 = 22명입니다.

③ 1반의 인원수는 18명, 3반의 인원수는 22명이므로 3반은 1반보다 22 - 18 = 4명이 더 많습니다.

④ 마지막으로 빈칸에 알맞은 수를 넣어 표를 완성하면 다음과 같습니다.

반	1반	2반	3반	4반	합계
인원수	18명	23명	22명	20명	83명

대표문제2 **확인하기 1** ·········· P. 87

[정답] 5만원

〈풀이 과정〉

① 무우가 6개월간 받은 용돈의 평균은 용돈의 총합을 용돈을 받은 횟수로 나누어 구합니다.

② 무우가 지난 6개월간 받은 용돈의 총합은 3 + 5 + 8 + 2 + 7 + 5 = 30만 원입니다.
무우는 지난 6개월간 한 달에 한 번씩 총 6번 용돈을 받았습니다.

② 따라서 무우가 6개월간 받은 용돈의 평균은 30 ÷ 6 = 5만 원입니다. (정답)

대표문제2 **확인하기 2** ·········· P. 87

[정답] 93점

〈풀이 과정〉

① 상상이의 이번 시험 평균 점수는 점수의 총합을 시험 과목의 개수로 나누어 구합니다.

② 점수의 총합은 98 + 89 + 85 + 100 = 372점입니다.
상상이는 수학, 영어, 국어, 과학 총 네 과목의 시험을 봤습니다.

③ 따라서 상상이의 이번 시험 평균 점수는 372 ÷ 4 = 93점입니다. (정답)

대표문제2 **확인하기 3** ·········· P. 87

[정답] 1,500원

〈풀이 과정〉

① 제이네 반 친구들의 평균 기부액은 모든 친구 기부액의 총합을 인원수로 나누어 구합니다.

② 기부액의 총합은 아래와 같이 구할 수 있습니다.
(1,000원 × 5) + (2,000원 × 2) + (3,000원 × 1)
= (5,000원) + (4,000원) + (3,000원)
= 12,000원
기부에 참여한 친구들의 인원수는 5 + 2 + 1 = 8명입니다.

③ 따라서 제이네 반 친구들의 평균 기부액은 12,000 ÷ 8 = 1,500원입니다. (정답)

[정답] 15초

<풀이 과정>

① 육상부 친구들 100m 달리기 기록의 평균은 기록의 총합을 인원수인 5로 나누어 구합니다.

② 육상부 친구들 100m 달리기 기록의 총합은 16 + 13 + 15 + 17 + 14 = 75초입니다.

③ 따라서 육상부 친구들 100m 달리기 기록의 평균은 75 ÷ 5 = 15초입니다. (정답)

[정답] 풀이 과정 참조

<풀이 과정>

수확량에 맞게 빈칸에 알맞은 그림을 넣어 그림그래프를 완성하면 다음과 같습니다.

마을	쌀 수확량
A마을	◎○○○○○
B마을	◎○○
C마을	◎◎○○○○
D마을	◎○○○○○○○○○

[정답] 83점

<풀이 과정>

① 무우네 반 친구들의 평균 점수는 모든 친구 점수의 총합을 인원수로 나누어 구합니다.

② 모든 친구 점수의 총합은 아래와 같이 구할 수 있습니다.
(70점 × 3) + (80점 × 2) + (90점 × 4) + (100점 × 1)
= (210점) + (160점) + (360점) + (100점)
= 830점
무우네 반 친구들의 인원수는 3 + 2 + 4 + 1 = 10명입니다.

③ 따라서 무우네 반 친구들의 평균 점수는 830 ÷ 10 = 83점입니다. (정답)

[정답] 풀이 과정 참조

<풀이 과정>

① D 과수원의 수확량을 구하기 위해 A 과수원과 C 과수원의 수확량을 셉니다.

A 과수원	🍎🍎🍎	➜ 120박스
C 과수원	🍎🍎🍎🍎🍎🍎🍎🍎	➜ 170박스

② B 과수원의 수확량이 160박스이므로 A, B, C 세 과수원의 수확량의 총합은
120 + 160 + 170 = 450박스입니다.

③ 따라서 네 과수원의 총 수확량 600박스 중 D 과수원의 수확량은 600 – 450 = 150박스입니다.

④ 마지막으로 빈칸에 알맞은 그림을 넣어 그림그래프를 완성하면 다음과 같습니다.

과수원	수확량
A 과수원	🍎🍎🍎
B 과수원	🍎🍎🍎🍎🍎🍎
C 과수원	🍎🍎🍎🍎🍎🍎🍎🍎
D 과수원	🍎🍎🍎🍎🍎

[정답] 6점

<풀이 과정>

① 무우, 상상, 알알, 제이 네 명의 평균 점수가 8점이므로 네 명의 점수의 총합은 8 × 4 = 32점입니다. 32점에서 무우, 상상, 알알이 점수의 총합을 빼면 제이의 점수를 구할 수 있습니다.

② 무우, 상상, 알알이의 점수의 총합은 10 + 9 + 7 = 26점입니다.

③ 따라서 제이의 점수는 32 – 26 = 6점입니다.

[정답] 무우에게 10개, 제이에게 : 20개

〈풀이 과정 1〉

① 무우, 상상, 제이가 가진 구슬의 개수를 구합니다. 그래프에서 사각형 한 칸은 구슬 10개를 나타내므로 무우는 50개, 상상이는 90개, 제이는 40개의 구슬을 가지고 있습니다.

② 무우, 상상, 제이가 가진 총구슬의 개수는 50 + 90 + 40 = 180개입니다. 180개의 구슬을 세 명이 같은 개수로 나눠 가지기 위해 한 명당 180 ÷ 3 = 60개씩의 구슬을 가지면 됩니다.

③ 따라서 상상이는 무우에게 10개, 제이에게 20개의 구슬을 나누어 줘야만 합니다. (정답)

〈풀이 과정 2〉

① 그래프를 이용해 풀이합니다. 그래프에서 무우는 5칸, 상상이는 9칸, 제이는 4칸의 사각형을 차지하고 있습니다. 세 명이 같은 사각형의 개수를 차지하기 위해 상상이가 2칸을 제이에게 주고, 한 칸을 무우에게 주면 됩니다.

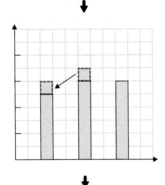

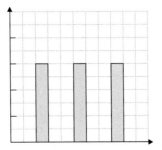

② 그래프에서 사각형 한 칸은 구슬 10개를 나타내므로 상상이는 무우에게 10개, 제이에게 20개의 구슬을 나누어 줘야만 합니다. (정답)

[정답] 144cm

〈풀이 과정〉

① A조의 평균 키가 150cm이므로 A조 친구들 5명의 키의 총합은 150 × 5 = 750cm입니다. 750cm에서 무우, 상상, 알알, 제이 키의 총합을 빼면 민재의 키를 구할 수 있습니다.

② 무우, 상상, 알알, 제이의 키의 총합은 157 + 143 + 156 + 150 = 606cm입니다.

③ 따라서 민재의 키는 750 – 606 = 144cm입니다. (정답)

[정답] 풀이 과정 참조

〈풀이 과정〉

① 동화책의 수가 120권이므로 이 나타내는 책의 수를 구합니다.

 한 개가 책 10권을 나타내므로 두 개가 나타내는 책의 수는 20권입니다.

남은 두 개가 나타내야 하는 책의 수는 120 – 20 = 100권입니다.

 두 개가 책 100권을 나타내므로 한 개가 나타내는 책의 수는 100 ÷ 2 = 50권입니다.

② 그 다음 위인전의 수를 구하기 위해 만화책과 소설책의 수를 셉니다.

만화책	
소설책	

만화책 : (50권 × 3) + (10권 × 3) = 150 + 30 = 180권
소설책 : (50권 × 2) + (10권 × 1) = 100 + 10 = 110권

③ 위인전의 수는 전체 책의 수인 500권에서 동화책, 만화책, 소설책 수의 합을 빼면 구할 수 있습니다. 동화책, 만화책, 소설책 수의 합은 120 + 180 + 110 = 410권입니다. 따라서 위인전의 수는 500 – 410 = 90권입니다.

④ 마지막으로 빈칸에 알맞은 그림을 넣어 그림그래프를 완성하면 다음과 같습니다.

종류	책의 수
동화책	
위인전	
만화책	
소설책	

연습문제 **09** ·········· P. 91

[정답] 28일

<풀이 과정>

① 상상이가 그동안 저금한 돈의 총금액을 구합니다.

종류	천 원	오백 원	백 원	오십 원
개수	15장	21개	12개	26개

천 원 ➡ 1,000원 × 15 = 15,000원

오백 원 ➡ 500원 × 21 = 10,500원

백 원 ➡ 100원 × 12 = 1,200원

오십 원 ➡ 50원 × 26 = 1,300원

(총금액) ➡ 15,000 + 10,500 + 1,200 + 1,300 = 28,000원

② 따라서 상상이가 그동안 저금한 돈을 하루에 천 원씩 사용한다면 28,000 ÷ 1,000 = 28일 동안 사용할 수 있습니다. (정답)

심화문제 **01** ·········· P. 92

[정답] 풀이 과정 참조

<풀이 과정>

① B 지점과 C 지점의 판매량을 구하기 위해 A 지점과 D 지점의 판매량을 셉니다.

A 지점	
D 지점	

A 지점 : (100대 × 2) + (10대 × 1) = 200 + 10 = 210대

D 지점 : (100대 × 1) + (10대 × 3) = 100 + 30 = 130대

② B 지점과 C 지점 판매량의 합은 네 지점의 총판매량인 650대에서 A 지점과 B 지점 판매량의 합을 빼면 구할 수 있습니다. A 지점과 B 지점 판매량의 합은 210 + 130 = 340대입니다. B 지점과 C 지점 판매량의 합은 650 – 340 = 310대입니다.

③ 두 지점의 판매량 합이 310대이고 판매량 차가 50대일 때, 각 지점의 판매량은 다음과 같은 방법으로 구할 수 있습니다.
B 지점의 판매량이 C 지점보다 50대가 많으므로 310대 중 50대를 제외하고 310 – 50 = 260대를 B 지점과 C 지점이 공평하게 나누어 가집니다. 260 ÷ 2 = 130대를 B 지점과 C 지점이 똑같이 나누어 가지게 되고, 아까 제외한 50대를 B 지점이 가집니다. 따라서 B 지점의 판매량은 180대, C 지점의 판매량은 130대입니다.

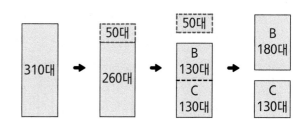

④ 마지막으로 빈칸에 알맞은 그림을 넣어 그림그래프를 완성하면 다음과 같습니다.

지점	판매량
A 지점	
B 지점	
C 지점	
D지점	

심화문제 **02** ············· P. 92

[정답] 2명

〈풀이 과정〉

① 무우네 반 모든 친구의 점수를 한눈에 알아보기 쉽게 그림그래프로 나타냅니다.

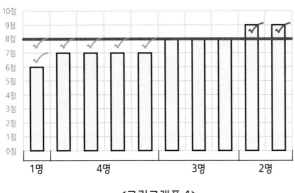

〈그림그래프 1〉

✓ 표시는 평균보다 높은 점수에 1점마다 한 개씩 표시한 것입니다.

✓ 표시는 평균보다 낮은 점수에 1점마다 한 개씩 표시한 것입니다.

② 위의 그림그래프를 보면 평균보다 높은 점수를 받은 친구는 2명으로 총 2점을 더 받았고, 평균보다 낮은 점수는 받은 친구는 5명으로 총 6점을 덜 받았습니다. 평균이 8점이 되기 위해 4점의 점수가 더 필요합니다. 따라서 평균 점수보다 2점이 높은 10점을 받은 친구가 2명인 경우 평균 점수는 8점이 되게 됩니다.

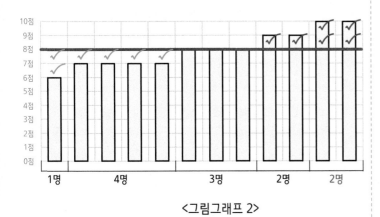

〈그림그래프 2〉

③ 따라서 10점을 받은 친구는 2명입니다. (정답)

심화문제 **03** ············· P. 93

[정답] 신규 회원 수 평균 : 100명

〈풀이 과정〉

① 1월의 신규 회원 수와 3월의 신규 회원 수를 구합니다. 그래프에서 네모 한 칸은 회원 20명을 나타내므로 1월의 신규 회원 수는 180명, 3월의 신규 회원 수는 100명입니다.

② 1월부터 5월까지 매달 일정한 인원수만큼 신규 회원 수가 감소했으므로 1월과 3월의 경우를 비교해서 한 달 동안 감소하는 신규 회원 수를 구합니다. 1월의 신규 회원 수는 180명, 3월의 신규 회원 수는 100명으로 두 달 동안 80명이 감소했으므로 한 달 동안 감소하는 신규 회원 수는 80 ÷ 2 = 40명입니다.

③ 2월, 4월, 5월의 신규 회원 수는 다음과 같습니다.
2월의 신규 회원 수 ➡ 180 − 40 = 140명
4월의 신규 회원 수 ➡ 100 − 40 = 60명
5월의 신규 회원 수 ➡ 60 − 40 = 20명

④ 따라서 1월부터 5월까지 신규 회원 수의 평균은 신규 회원 수의 총합을 개월 수인 5로 나눈
(180 + 140 + 100 + 60 + 20) ÷ 5 = 500 ÷ 5 = 100명입니다.

④ 마지막으로 빈칸에 알맞은 그림을 넣어 그림그래프를 완성하면 다음과 같습니다.

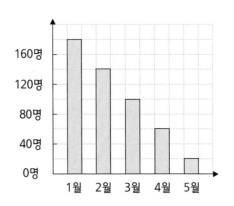

심화문제 **04** ············· P. 93

[정답] 풀이 과정 참조

〈풀이 과정〉

① B 목장, C 목장, D 목장의 수확량을 구하기 위해 A 목장의 수확량을 셉니다.

② B 목장의 생산량은 A 목장의 두 배이므로 120 × 2 = 240마리입니다.

C 목장의 생산량은 A 목장보다 30마리가 더 많으므로 120 + 30 = 150마리입니다.

③ A, B, C의 평균 생산량과 A, B, C, D의 평균 생산량이 같은 경우는 D 목장의 생산량이 A, B, C의 평균 생산량과 같아서 평균에 영향을 미치지 않는 경우입니다.

예) 세 개의 숫자 1, 2, 6의 평균

➡ (1 + 2 + 6) ÷ 3 = 9 ÷ 3 = 3

네 개의 숫자 1, 2, 6, 3의 평균

➡ (1 + 2 + 6 + 3) ÷ 4 = 12 ÷ 4 = 3

D 목장의 생산량은 A, B, C 목장의 평균 생산량과 같은 (120 + 240 + 150) ÷ 3 = 510 ÷ 3 = 170마리입니다.

④ 마지막으로 빈칸에 알맞은 그림을 넣어 그림그래프를 완성하면 다음과 같습니다.

목장	수확량
A 목장	
B 목장	
C 목장	
D 목장	

창의적문제해결수학 01 ·········· P. 94

[정답] 풀이 과정 참조

〈풀이 과정〉

① 표를 보고 총여학생 수와 영화 동아리의 여학생 수를 구할 수 있습니다.

총여학생 수 ➡ 80 - 47 = 33명

영화 동아리의 여학생 수 ➡ 32 - 18 = 14명

② 두 번째 조건에 의해 과학 동아리의 학생 수를 구할 수 있습니다.

과학 동아리의 학생 수 ➡ 32 ÷ 2 = 16명

③ ①번과 ②번에서 구한 값을 이용해 채울 수 있는 빈칸을 채워 주면 다음과 같습니다.

점수	영화	농구	댄스	과학	합계
남학생 수	18명			6명	47명
여학생 수	14명			10명	33명
합계	32명	20명	12명	16명	80명

④ 세 번째 조건에서 가장 많은 수의 남학생이 농구 동아리에 속해 있으므로, 농구 동아리에 속한 남학생의 수는 18명보다 많은 19명 또는 20명이 되어야 합니다. 첫 번째 조건에서 모든 동아리에는 남녀 학생이 각 한 명 이상 속해 있으므로 농구 동아리의 남학생 수는 19명입니다. 이를 이용해 나머지 빈칸을 모두 채워 다음과 같이 표를 완성할 수 있습니다.

점수	영화	농구	댄스	과학	합계
남학생 수	18명	19명	4명	6명	47명
여학생 수	14명	1명	8명	10명	33명
합계	32명	20명	12명	16명	80명

창의적문제해결수학 02 ·········· P. 95

[정답] 130점

〈풀이 과정 1〉

① 상상, 알알, 제이의 평균 점수는 100점이므로 세 명의 점수의 총합은 100 × 3 = 300점입니다. 상상이의 점수가 70점이므로 세 명의 점수의 총합에서 상상이의 점수를 빼면 알알이와 제이의 점수의 합을 구할 수 있습니다. 알알이와 제이의 점수의 합은 300 - 70 = 230점입니다.

② 무우, 알알, 제이의 평균 점수는 120점이므로 세 명의 점수의 총합은 120 × 3 = 360점입니다. 알알이와 제이의 점수의 합이 230점이므로 세 명의 점수의 총합에서 알알이와 제이의 점수의 합을 빼면 무우의 점수를 구할 수 있습니다. 따라서 무우의 점수는 360 - 230 = 130점입니다. (정답)

〈풀이 과정 2〉

① 상상이의 점수 대신 무우의 점수를 선택할 때 세 수의 평균이 100점에서 120점으로 높아졌으므로 20점 × 3 = 60점만큼 세 수의 총합이 높습니다.

② 따라서 무우의 점수는 상상이의 점수보다 60점이 높은 70 + 60 = 130점입니다. (정답)

창 의 영 재 수 학

아이앤아이

창의영재수학

아이앤아이

무한상상 교재 활용법

무한상상은 상상이 현실이 되는 차별화된 창의교육을 만들어갑니다.

아이앤아이 시리즈

특목고, 영재교육원 대비서

	아이앤아이 영재들의 수학여행		아이앤아이 꾸러미	아이앤아이 꾸러미 120제	아이앤아이 꾸러미 48제	아이앤아이 꾸러미 과학대회	창의력과학 아이앤아이 I&I
	수학 (단계별 영재교육)		수학, 과학	수학, 과학	수학, 과학	과학	과학
6세~초1	출시 예정	수, 연산, 도형, 측정, 규칙, 문제해결력, 워크북 (7권)					
초 1~3		수와 연산, 도형, 측정, 규칙, 자료와 가능성, 문제해결력, 워크북 (7권)	꾸러미	꾸러미 꾸러미120제	꾸러미 II 48×모의고사 고사		
초 3~5		수와 연산, 도형, 측정, 규칙, 자료와 가능성, 문제해결력 (6권)		수학, 과학 (2권)	수학, 과학 (2권)	과학대회	I&I 3 4
초 4~6	출시 예정	수와 연산, 도형, 측정, 규칙, 자료와 가능성, 문제해결력 (6권)	꾸러미	꾸러미 꾸러미120제	꾸러미 II 48×모의고사 고사	과학토론 대회, 과학산출물 대회, 발명품 대회 등 대회 출전 노하우	I&I 5
초 6	출시 예정	수와 연산, 도형, 측정, 규칙, 자료와 가능성, 문제해결력 (6권)	꾸러미	꾸러미 꾸러미120제	꾸러미 II 48×모의고사 고사		I&I 6
중등			꾸러미	수학, 과학 (2권)	수학, 과학 (2권)	과학대회	아이 아이
고등						과학토론 대회, 과학산출물 대회, 발명품 대회 등 대회 출전 노하우	물리(상,하), 화학(상,하), 생명과학(상,하), 지구과학(상,하) (8권)